ウンコノミクス

山口亮子
Yamaguchi Ryoko

インターナショナル新書 156

はじめに

日本人は平均で一日二〇〇グラム、およそ八五年の生涯に六・二トンのウンコを排出する。これはアフリカ象一頭の体重と同じくらいだ。日本人が一生にするウンコの量は、平均量の多さと寿命の長さが相まって、世界でも上位に入る。平均量は食事に含まれる食物繊維や菌の多寡で決まり、戦前の日本人だと一日四〇〇グラムくらいだった。若い人ほど食生活が欧米化し、ウンコの量が減っている。

それでも日本人のそれは依然として欧米人に比べて多い。アメリカ人は一五〇グラム、イギリス人は一〇〇グラムとされる。なお、中国人は二一〇グラム、インド人は三〇〇グラム、最も多いとされるのがケニア人の五二〇グラムである（イギリスの医師デニス・バーキット博士の研究などによる）。

各国の人が一生にする総量を排泄《はいせつ》量に平均寿命を掛けて求めてみる。ケニア人は一二・

五トン、インド人は七・六トンの計算なのでさすがに日本人は敵《かな》わないが、中国人の六トンには競り勝つ。アメリカ人は四・二トン、イギリス人は三トンで、日本人の約五～七割に過ぎない。

日本は、ウンコの排出大国なのだ。

その総人口は一億二四〇〇万人（二〇二四年四月）だから、この国土で毎日、約二万五〇〇〇トンのウンコが生み出されている。東京タワーの総重量は四〇〇〇トンなので、その六倍以上になる。

たくさん排泄する割に、多くの日本人はウンコの行く先に興味がない。水中でくるくると回転してトイレの穴に吸い込まれたそれは、一般的に排水管を流れ、下水道に合流し、長い旅に出る。下水道の整備されていない地域は別として、他の誰かがしたものも仲良く一緒になって下水処理場に至る。

処理の過程で生じる泥状の「下水汚泥《おでい》」は、下水に含まれる有機物を分解した微生物の塊で、日本で最も多く排出される産業廃棄物である汚泥の一種である。これは養分を豊富に含み、肥料やセメント、下水管（ヒューム管）、火力発電に使う燃料などの原料になる。

国内で一年に生じる下水汚泥を燃料にした場合、名古屋市の総世帯数に近い約一一〇万世帯の、年間の電力消費量を賄《まかな》える。マルチに使えて余るほどある資源なのに、有効利用にはほど遠い。

資源が乏しいとされる日本において、ウンコの流される下水道は、貴重な地下鉱脈となり得る。私たちはどうしたらそれを金脈に変えられるだろうか。

過去に目を向ければ、ウンコがりっぱな商品として流通した時代があった。そのころ使われた「ぼっとん便所」はもはや都会の若者にとって馴染みのないものになった。水洗機能がなく、便器の穴から下の便槽へ糞尿が直《じか》に落下する。江戸時代から大正時代まで、この原始的なトイレは金を払って汲み取りさせてもらう資源の宝庫。そこに溜まった糞尿の流通を生業《なりわい》とする者たちがいた。用途は肥料で、発酵させ熟成させて畑に施す。

一〇〇万都市だった江戸において、人糞尿の取引総額は年間二万両に及んだ。現在の貨幣価値で八〜一二億円である。法政大学の湯澤規子《ゆざわのりこ》教授の推計だ。

これは昭和の時代も続いていた。糞尿を溜めておく「肥溜《こえだ》め」は、東京二三区であっても農地の傍《かたわ》らにつつましく存在した。農地が近い環境で育った高齢者には、肥溜めに落ちる危険を身をもって知る人が少なくないはずである。

これが昔話かといえば、世界を見渡せばそんなことはない。

たとえば北朝鮮。報道を踏まえると、全土で今も糞尿を肥料に使っていて、毎年厳寒の一、二月に繰り広げられる「堆肥《たいひ》戦闘」の花形（？）となる。堆肥戦闘とは、全人民がウンコを集め、灰や藁《わら》などとまぜて発酵させ、堆肥にする運動を指す。

北朝鮮は国際社会から経済制裁を受けているため、外貨の獲得が難しく、化学肥料が恒常的に不足している。中国から輸入できる量も、国内の生産量も限られているのだ。だから春の種まきを前に堆肥を製造する闘いが行われる。生産する堆肥の量には割り当て、つまりノルマがあり、においのきつさとも相まって、北朝鮮の人民を苦しめてきた。ウンコは売買、ひいては窃盗の対象になり、ブローカーも跋扈《ばっこ》する。江戸時代の日本さながらの風景が今も見られるのだ。

未利用資源の本丸

北朝鮮のウンコをめぐるドタバタは、日本にとって他人事ではない。化学肥料は二〇二一年ごろから原料価格が跳ね上がったところに円安が重なり、価格が高騰して農家の懐《ふところ》を直撃している。

食料安全保障では自給率の低さばかり注目されるが、実際には化学肥料（原料を含め）が輸入できなくなることの方が深刻な影響を与える。日本は化学肥料のほとんどを輸入に頼っているからだ。そこで、肥料の代わりになる貴重な国内資源として、再びウンコが脚光を浴びている。

先進国の中でもフランスやイギリスは、ウンコ由来の肥料を積極的に使っている。日本もその後に続けと、二〇二二年九月に当時の岸田文雄《きしだふみお》首相が「肥料の国産化・安定供給を図ること」と農林水産省や国土交通省に指示を飛ばした。

「未利用資源の本丸」――。農業や肥料の関係者の間で、ウンコは長らくこう目《もく》されてきた。肥料の成分の中でも、早期に枯渇しないか心配されてきたリンを豊富に含むからだ。全国の下水処理場に流入するリンをすべて農業に使えば、海外から輸入するリンを一割減らせると国交省は見積もる。

ウンコは下水汚泥のほかに、熱とガスを生む。雪の積もった路面で、マンホールの上だけ雪が融けて、黒い穴があいたように見える。こんな光景に出くわしたことはないだろうか。マンホールの下を流れる下水は、夏は冷たく冬は温かい。

その性質を生かし、下水に由来する「下水熱」をビルの空調に使ったり、冬場は路面に積もった雪を融かすために利用したりしている。東京都港区の虎ノ門ヒルズや麻布台ヒルズ、大阪・梅田の再開発など、最先端の不動産開発の現場で、下水の熱が生かされている。国交省によると、全国の下水熱を使えば、八〇万世帯の冷暖房の熱源に相当するエネルギーを賄うことができるという。

下水処理場では、ガスが豊富に発生する。その中でも需要があるのは、可燃性のメタンだ。これを使った発電、売電はすでに進んでいるし、車の燃料としてガソリンスタンドならぬガススタンドさえ整備されている。都市ガスとしても供給できるので、実はあなたも、知らないうちに下水処理場が売ったガスで鍋ややかんを温めていたかもしれない。

下水の処理水は近年、海の栄養源として期待されている。瀬戸内海や有明海などで海苔《のり》の色付きをよくしたり、イカナゴやアサリの漁獲を増やしたりしている。

ロケットから特効薬まで

ウンコは近く、宇宙でも活躍しそうだ。

メタンをロケットのエンジンに使う実験が米中やニュージーランドなどで進められてい

る。メタンは、一般的な燃料である石油や液体水素より安全で安い。ウンコや下水もその原料になる。

中国では、人の糞尿や豚糞《とんぷん》もメタンの原料に使われてきた。国内だと、人糞ではないけれども、牛糞に由来する燃料のバイオメタンでロケットを飛ばす計画がある。

閉鎖空間である宇宙ステーションにおいて、糞尿は貴重な資源となる。尿はすでに飲用水としてリサイクルが実用化されているものの、糞便はゴミとして大気圏に突入させられ、燃やされてきた。それを微生物で処理して食料にする研究を、アメリカ・ペンシルベニア州立大学の研究チームが進めている。

ウンコは、最新の医療現場でも活躍する。アメリカやオーストラリアなどでは「便移植療法」といって、健康な人の便を腸の病気を持つ患者に移植する。

具体的には、腸内環境が整っている人の便を生理食塩水に混ぜて濾過《ろか》し、腸内細菌の入った茶色い溶液を作る。それを患者の腸内に注入する、という療法だ。腸内細菌の多様性を取り戻すのに効果的で、これまでの投薬治療に比べて劇的に効くうえ、副作用が少ない。

健康な便の提供者への対価は、一回約四〇〇〇円という。アメリカにはその場で排泄して提供する「糞便バンク」がある。日本版の糞便バンクは二〇二四年に始動した。健康で病歴が少なければ、バンクのドナーとなって荒稼ぎすることも夢ではない。

日本では潰瘍性大腸炎を筆頭に食道癌《がん》や胃癌、パーキンソン病などの患者を対象にした移植療法が研究されている。


資源という意味では、家畜の糞尿こそ無視できない。ウシ一頭はおよそヒト五〇人分の量の糞尿を排泄するとされる。特に日本は飼料を輸入に頼っていて、家畜がウンコをすることが環境汚染に直結しやすい。乳牛一頭が一年に排出する糞尿をすべて自動車燃料にした場合、燃料電池で発電して走る燃料電池自動車（ＦＣＶ）一台の年間走行距離を賄える。国内で飼われている約一三一万頭で同じ台数分の燃料を供給できる計算だ。

人糞にせよ家畜糞にせよ、所詮は似たようなもの。性質や使い方、果ては処理するメーカーまで一緒のこともある。本書は人糞を主にしつつ、随所で家畜糞の方も取り上げていきたい。

日本の静脈から動脈へ

二〇二五年一月、埼玉県八潮《やしお》市の道路陥没事故で下水管の老朽化が問題になったが、日本はもともと水の利用に関連する水道やポンプといった「水インフラ」に強い。トイレに流した後の下水を浄化する水処理の分野でも、その技術水準は高いとされる。中国や東南アジア、中東など下水道の整備が今まさに進行している地域で、日本の水処理メーカーが事業を受注したり、技術指導をしたりしている。

新たなトイレの開発や発展途上国に対する水処理技術の支援は、『プロジェクトX』といったドキュメンタリー番組で取り上げられてきた。それに比べると、肝心のウンコの処理に対する世間の関心は低い。

汚水を受け止め、処理する下水道は、社会の「静脈」に喩《たと》えられる。これまで、体の中の老廃物を運ぶ静脈に似た、都市から下水を排除し浄化する機能ばかり重視されてきた。今後は資源を供給する「動脈」としても働き、ウンコを核にした循環を生むことを期待されている。その強力な後押しになる要因が二つある。一つ目が、二酸化炭素をはじめとする温室効果ガスを削減する「脱炭素」の流れである。

ウンコの循環は、ヨーロッパに一日《いちじつ》の長がある。環境対策に補助金を積極的に出す国が多く、家畜の糞尿から得られるメタンをトラクターの燃料にするのはもちろん、世界に先駆けてロケットの燃料として使う実験にも踏み切った。日本も各地で燃料にする試みがされているものの、ガスの取り扱いに対する厳しい法規制に手足をしばられている。

肥料や燃料、医療の分野では総じて欧米が先んじてウンコを使い、日本はその背中を追っている。アジアにあって日本は進んでいる方だけれども、うかうかしていると中国に先を越されるかもしれない。中国では近年、家畜の出す糞尿による環境汚染が深刻な社会問題になっていて、解決を求める圧力が高まっているからだ。これは経済の発展につれてどの国も経験する問題である。うまく循環を生めれば、他国に技術やノウハウを売ることもできる。

二つ目が八潮市の陥没事故に象徴される水インフラの老朽化だ。国内に張り巡らされている下水道のうち、五〇年の耐用年数を迎える管渠《かんきょ》は今後、加速度的に増えていく。それは、これまで通りの下水道事業が成り立たなくなり、新たな収入源を確保しなければならない時代でもある。

今の日本はまだまだウンコを価値のないもの、廃棄物として扱っている。圧倒的な量が打ち捨てられているわけで、裏を返せば、資源としての伸びしろは、途轍《とてつ》もなく大きい。トイレの穴の先には、日本の明るい未来が広がっているかもしれない。

目次

第一章　迫るXデー――リン酸が足りなくなる日

下水汚泥を使った肥料（栃木県鹿沼市黒川終末処理場で）

一　九割を依存した中国が禁輸に動いた

二〇二二年、多くの国々が肥料不足の危機に直面した。その危機は同年二月に勃発《ぼっぱつ》したロシアのウクライナ侵攻の前に始まっていた。世界中に緊張感をもたらしたのは、前年の二〇二一年一〇月に中国が突如踏み切った、肥料原料の輸出制限だ。

そこに、ウクライナ侵攻が追い打ちをかけた。ロシアとウクライナという世界有数の穀倉地帯であり穀物輸出国である両国が戦争に突入した。飢餓人口が増え、世界的な食糧危機が迫っている——。国内のメディアでこう騒がれた裏で、日本は中国やロシア、ベラルーシから肥料を調達できずに、農産物を育てられなくなる危うい状況にあった。

現実になりかけた肥料の危機

農水省は二〇二二年の春用の肥料について、早くから例年に近い量を確保していると強弁していた。実際はその保証はなく、見切り発車というかハッタリだったけれど、メディアは鵜呑《うの》みにして危機を報じずじまい。調達は難航し、この国は密かに危うい橋を渡っていた。ギリギリのところで調達が間に合い、緊急事態を回避していたのだ。

日本はエネルギー消費量が多い割に、資源が少ない。「資源小国」と呼ばれる。その弱点を改めて露わにしたのが、この「肥料危機」だった。

国民が、安全で栄養価の高い食料を合理的な価格で入手できるようにする「食料安全保障」。その確立のために、今までは食料自給率ばかりが重視されてきた。

食料自給率とは、国民一人一日当たりに供給される食料のうち、国内で生産された割合のことだ。エネルギー（カロリー）の自給率を示すカロリーベースの食料自給率は、三八パーセント（二〇二三年度）に過ぎない。これでは、食料の輸入が止まれば日本人は生きていけない、だから自給率を上げなければならない。よくこんなふうに言われる。

「農政の憲法」とも呼ばれる「食料・農業・農村基本法」が二〇二四年六月に改正されたときも、緊急時にいかに食料を確保するかばかりが議論された。

実のところ、輸入が途絶えるとまずいのは、化学肥料の方だ。そんな事態になれば、日本の農業は早晩立ちゆかなくなる。

自国で農業生産できなければ、食料を輸入すればいい。日本の自給率は低く、すでに相当な量を輸入に頼っているから、それが多少増えても問題ない――。こう考える人もいるだろう。

現実には、輸入に向かないものも多い。鮮度が求められる野菜や果物、生乳、卵などがそうだ。主食のコメにしても、国際的な貿易の主流は、日本人が好む、粒が丸みを帯びてもっちりしたジャポニカ米ではない。粒が細長く、パサパサした食感のインディカ米である。中国が多少ジャポニカ米を輸出しているものの、粘り気のないコメが主流で、日本人の口には合わないだろう。

化学肥料が手に入らなくなって、自国で作物を育てられなくなると、主食の確保すらままならなくなる。

ごはんに味噌汁、目玉焼きに野菜の付け合わせという朝食を想定してみる。もし化学肥料が手に入らないと、ごはんと野菜が欠けかねない。味噌と豆腐、卵は、原料あるいはエサの大半が、アメリカ大陸から輸入するダイズなので、化学肥料がなくても用意できる。食卓に並ぶのは、具が豆腐だけの味噌汁と、目玉焼きということになる。

化学肥料の原料は、ほとんどを輸入に頼っている。そこに起きたのが、二〇二一年に始まった肥料原料価格の高騰だ。冒頭に述べた理由に加え穀物が世界各地で増産され、化学肥料の需要がさらに高まり、国際市場での価格が上がったところに円安が重なった。

世界の人口が増える一方で、化学肥料の原料は埋蔵量を減らし続けている。今後、化学肥料の価格が長期的に値上がり基調で推移することは間違いない。なぜなら、資源が減るほど品質の劣るものを使う羽目になり、採掘や製造のコストが上がるからだ。これまで通り原料を輸入できなくなったら、日本の食料生産は止まってしまう。

過去の危機の再来

二〇二二年と同様に、肥料の価格が高騰したのが、二〇〇八年だった。同年五月に中国で四川《しせん》大地震が発生した。これにより、リン酸肥料の原料となる「リン鉱石」の生産が止まり、供給不足に陥って価格が跳ね上がってしまう。中国やインドといった新興国が肥料をより多く使うようになったこともあり、世界的に肥料が足りなくなった。

「二〇〇八年と同じ」。化学肥料の高騰について、少なくない農業関係者がこう吐露する。世界的な食料需要の高まり、肥料原料確保のための旺盛な買い付け、中国の輸出停止――。二〇〇八年の世界的な肥料高騰の要因は、そのまま二〇二二年以降、肥料価格をほとんど「全面高」と言っていい状況に至らしめた要因でもある。

さらには、値上がりする化学肥料の使用を減らし、人や家畜の糞尿といった国内の資源を活用するという対策方法まで、当時と共通している。

違いがあるとすれば、二〇〇八年は九月にリーマンショックが起き、高騰が早くに収束したことだ。世界的な不況に陥り、急騰した価格が一気に下落した。

今はというと、二〇二二年のウクライナ侵攻が世界的な不況を招いたものの、インフレが進み、価格の下落は緩やかだ。加えて、円安という日本に不利な為替の変動があるうえ、国際関係が悪化している。肥料をめぐる危機は深まっており、いつ国家間での争奪戦が起きてもおかしくない。

安定的に調達できる伸び幅の大きい原料

ディストピアと化す世界において、ウンコこそ、救いの主として期待されている。理由はその安定感にある。

「化学肥料の原料価格は今後、過去に高騰した後のように元に戻って安定するかどうか……正直、未知数なところがあります。継続して農業を営んでいくうえで、海外の市況に左右されない国内の資源を有効に活用していく。このことを現在、強力に推進しています」

農水省技術普及課生産資材対策室課長補佐の島宏彰《しまひろあき》さんは、こう強調する。

国内の肥料資源を活用して肥料を製造する場合、世界市場や為替変動の影響を受けるリスクは、外国産の肥料原料を使用して製造するのに比べて小さい。資源として発生する量も安定している。人や家畜が排出するウンコの量は、そうそう変わらないからだ。

「下水汚泥の場合、人口は減少しているものの毎年ほぼ一定の量を確保できます。化学肥料の原料のほとんどを輸入に依存しているなかで、こういう安定的に調達できる肥料原料を、しっかり確保していきたい」（島さん）

肥料の原料になる国内資源はさまざまある。原料としての地位を確立して久しいのが、油粕《あぶらかす》と魚粕《ぎょかす》だ。油粕は、ダイズやナタネから食用油を搾《しぼ》った後のかすをいう。魚粕とともに、かなりの割合がすでに肥料として使われている。

かたや下水汚泥は、産業廃棄物として最多の発生量を誇りながらも、有効利用にはほど遠い。

「今後の肥料利用において伸び幅のまだ大きい資源は下水汚泥と家畜糞。この二つの活用を狙っています」（島さん）

ウンコの伸びしろは群を抜いている。農業の安定には、やはりその存在が欠かせない。

旧東側陣営に資源が偏在

世界には肥料の価格を押し上げる要因がいくらでもある。その一つとして挙げられるのが、ロシアのウクライナ侵攻で世界有数の穀倉地帯が戦場と化したことにより、穀物価格が上昇したこと。これを見て、穀物を増産する地域が増え、肥料の需要も高まった。

ほかには、中国が内需を優先すべく、肥料原料の輸出を制限したこと。同じく肥料原料の輸出国であるロシア、ベラルーシに対するウクライナ侵攻に伴う経済制裁、ロシアによる輸出規制で天然ガスが値上がりしたことも挙げられる。

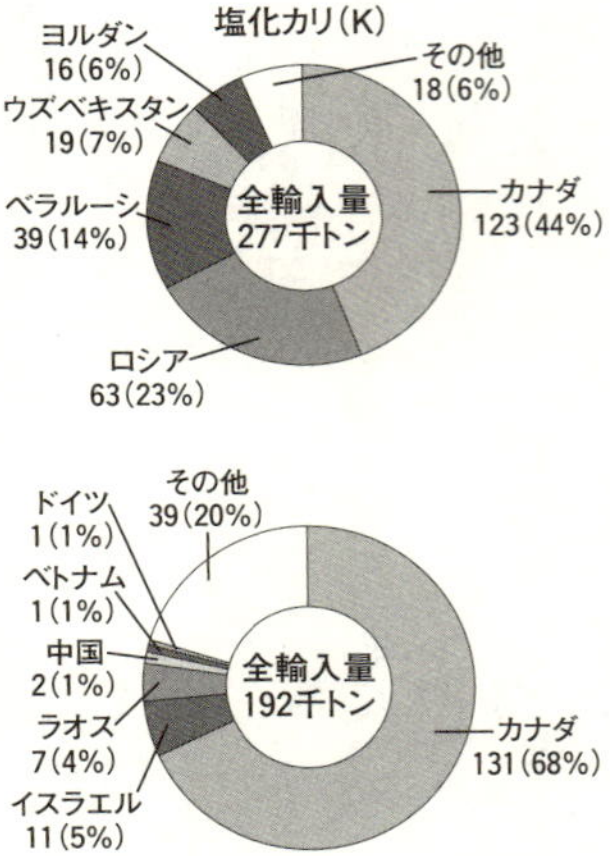

農水省がまとめた「化学肥料原料の輸入相手国、輸入量」のグラフを見れば、日本がいかに中国やロシア、ベラルーシからの輸入に依存していたかが分かる（図1）。

この三カ国は、かつての東側陣営であり、欧米が築こうとしている国際秩序に異を唱える存在だ。ウクライナ侵攻後、

図1　化学肥料原料の輸入相手国と輸入量

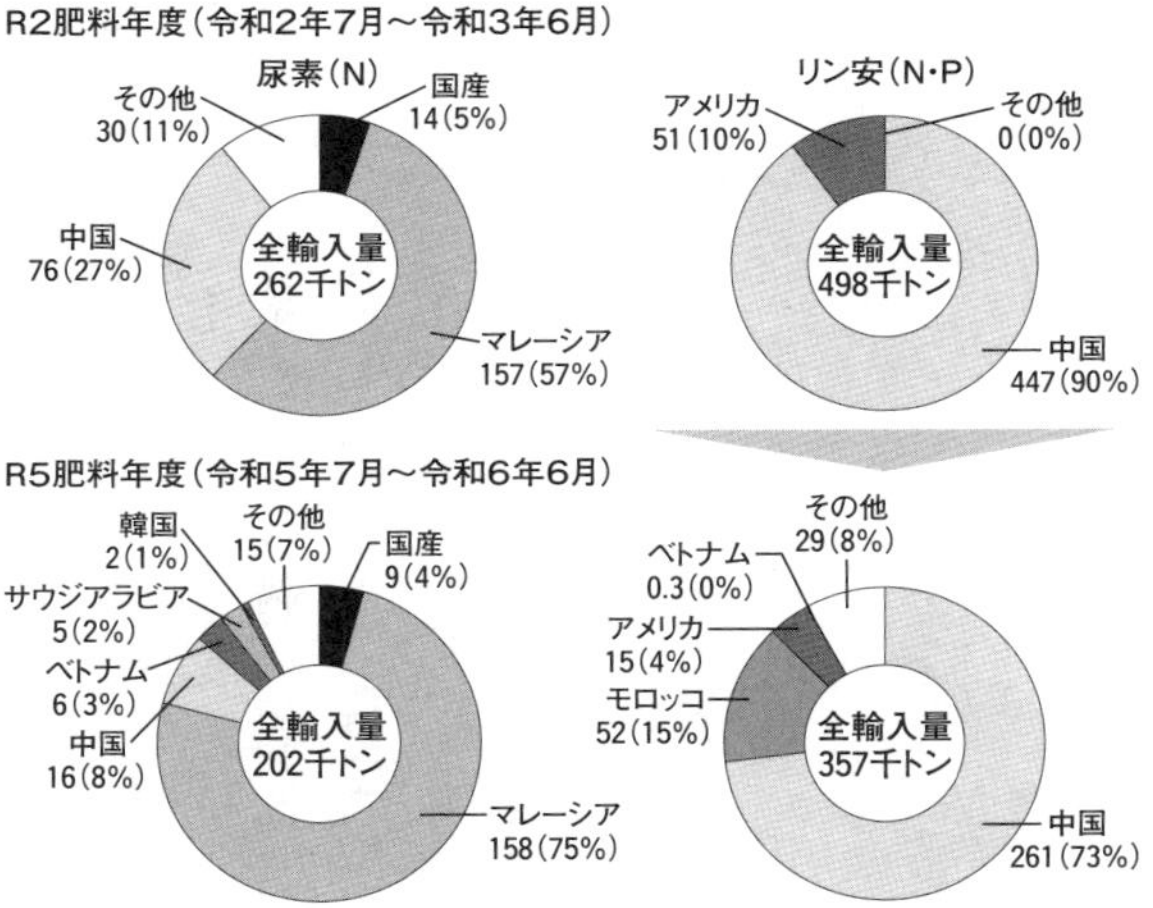

農水省「肥料をめぐる情勢」（令和7年2月）より作成

欧米に対抗する姿勢を強めている。旧西側陣営に属する日本にとって、友好関係を築きにくい国々である。

原料そのものが枯渇に向かう。さらに、世界情勢の変化により、限られた資源を有する国から輸入しにくくなっている。

日本の農業経営の悪化

農家が肥料を入手しにくくなるのには国内の要因もある。人件費や肥料、農薬といった資材費が高騰し、農業経営を圧迫していることだ。農産物がスーパーで売られる価格がインフレで上がっても、農家が出荷時に受け取る金額はさほど上がらず、経営の利益率は下がっている。

総務省は、二〇二〇年の価格を一〇〇とした場合に、現在の価格がいくらになるかを「消費者物価指数」として公表している。それによると、二〇二四年一一月に食料は一二一・三だった。四年で価格が二一・三パーセント上昇した計算になる。

農水省は、農業版の消費者物価指数といえる「農業物価指数」を公表している。やはり二〇二〇年を基準として、現在の農産物や資材の価格がいくらになるのか算出したものだ。それによると、二〇二四年一一月に農産物価格指数は一二八・二だった。種や苗、農薬、肥料、燃油、段ボール、農機具といった農業に必要な資材の指数は一二〇・一で、やはり上がっている。なかでも肥料は一三九・二と高い。

だが、これでも肥料の値上がりは落ち着いた方だ。高騰が深刻だった二〇二二年一二月の肥料の物価指数を振り返ってみると、円安の影響もあって、前年同月比で四一・二パーセントも上昇していた。

資材費の高騰は、いまや農家にとって最大の経営課題である。人件費の上昇も相まって、農業経営は儲かりにくくなっている。高い肥料をこれまで通り使い続けることが、難しくなっているのだ。

深刻な中国依存

肥料には、三要素と呼ばれて特別視される成分がある。植物が多量に必要とする栄養素の中でも、特に重要な窒素、リン酸、カリ（カリウム）を指す。ウンコはこのうち、窒素とリン酸を豊富に含む。つまり、カリさえ別に補えば、肥料としてりっぱに用をなす。だからこそ、日本人はウンコを熟成させた下肥《しもごえ》を農地に施してきた。

リン酸は、日本では特別に重要である。日本の土壌として最も広く分布する「黒《くろ》ボク土《ど》」には、リン酸が効きにくく、大量に必要とするからだ。黒ボク土は火山灰に由来し、黒い色でホクホクした質感をしていることから、その名が付いた。関東や北海道、東北、九州など火山活動が盛んだった地域に広がる。

農耕地の三割を占めるこの土は、鉄やアルミニウムを多く含み、これらがリン酸と強く結びつく。肥料としての効きが悪くなるため、リン酸を多めに施さなければならない。今のようにリン酸を手軽に補えなかった時代には、やせた土壌とみなされ「ノッポ」とか「黒ノッポ」と呼ばれることもあった。

リン酸はこれほど大事な成分であるにもかかわらず、特定の一カ国への輸入依存度が最も高かった。リン酸と窒素を含み、肥料の原料によく使われるのが「リン安《あん》（リン酸アンモニウム）」だ。その二〇二〇年度の輸入実績をみると、実に九〇パーセントを中国から輸入していた。

中国がリン酸の輸出に制限をかけるのは、今回が初めてではない。中国は肥料の製造国であると同時に、世界の肥料の二割を使う最大の消費国でもある。内需を優先的に賄うべく禁輸措置が講じられるたび、日本は危機に陥ってきた。

これまで何とかなったのは、今と比べて円が強く、多少高い肥料であっても買えるだけの余裕が、日本側にあったからだった。そうもいかなくなっているのは、先に述べた通りである。

人体、農産物、工業に欠かせないリン

リン（元素記号P）は自然界では酸素と結びつき、化合物であるリン酸の形で存在する。リンは錬金術の試みの中で一六六九年、ドイツにおいて偶然に発見された。人の尿から抽出された白く輝くこの物質は、熱を出さずに発光した。光を放つ元素だけに、発見者は金を作れると期待したらしい。

そもそもリンは、人体に欠かせない元素だ。カルシウムに次いで多く、成人の体重の約

一パーセントを占め、骨や歯、筋肉などを構成している。骨や歯を発達させるのに必要であるのはもちろん、遺伝情報を伝えるDNAやRNAといった核酸にも含まれる。

一日に食事から摂取する量の目安は、日本人の成人で八〇〇～一〇〇〇ミリグラムとされる。リン酸塩という食品添加物としても使われる。肉類の発色を保ったり、加工食品の結着性や保水性を高めたりする。菓子パンやカップ麺、ハムやソーセージといった肉類の加工品や、練り物など、さまざまな食品に含まれる。

歯の表面を修復する効果を買われ、歯磨き粉にも含まれる。家畜もリンを摂取しなければならないので、飼料として給餌する。植物の生育にもリンは欠かせない。

なお、土葬の時代に、墓地の近くでよく青白く光る人魂《ひとだま》が目撃された。その正体の一つが、死体に含まれていたリンだと考えられている。リンが気化すると、湿気や雨水と反応して発光する可能性がある。それを肉体から彷徨《さまよ》い出た魂と、昔の人は考えたようだ。

アイザック・アシモフが悲観したリンと人類の未来

リン酸の原料となるのが、鉱床で採掘されリンを豊富に含むリン鉱石だ。今後、経済的に採掘できる量は、世界の消費量の約三三〇年分と見積もられている。

過去には、二〇六〇年にリン鉱石が枯渇すると予想されたこともあった。その後、新たな鉱床が発見されたり、採掘技術が進んだりして、枯渇までの猶予期間はだいぶ延びた。やはり数十年で枯渇すると心配されていた石油が、シェールガスの登場や採掘技術の向上で延命したのに似ている。

とはいえ、楽観はできない。純度が高くて掘りやすい良質なリン鉱石から先に掘るので、残されたものは、使いにくく掘りにくいものとなる。

しかも、リンは石油と違って、生きることに必要不可欠なものである。

〈生命はリンがなくなるまで増える。その後は、何者も避けることのできない、非情な停止である〉

ロボットをテーマにした小説で知られるSF作家で生化学者のアイザック・アシモフ（一九二〇―一九九二年）は、一九五九年のエッセー「Life's Bottleneck（生命のボトルネック）」の中でこう予測した。

アシモフの指摘は、イギリスの経済学者マルサス（一七六六―一八三四年）の『人口論』（一七九八年）とも重なる。マルサスは、人口増加に食料の増産が追いつかなくなると予言した。化学肥料の発明や品種改良といった農業分野の技術革新により、この予言は今のと

図2　プラネタリー・バウンダリー

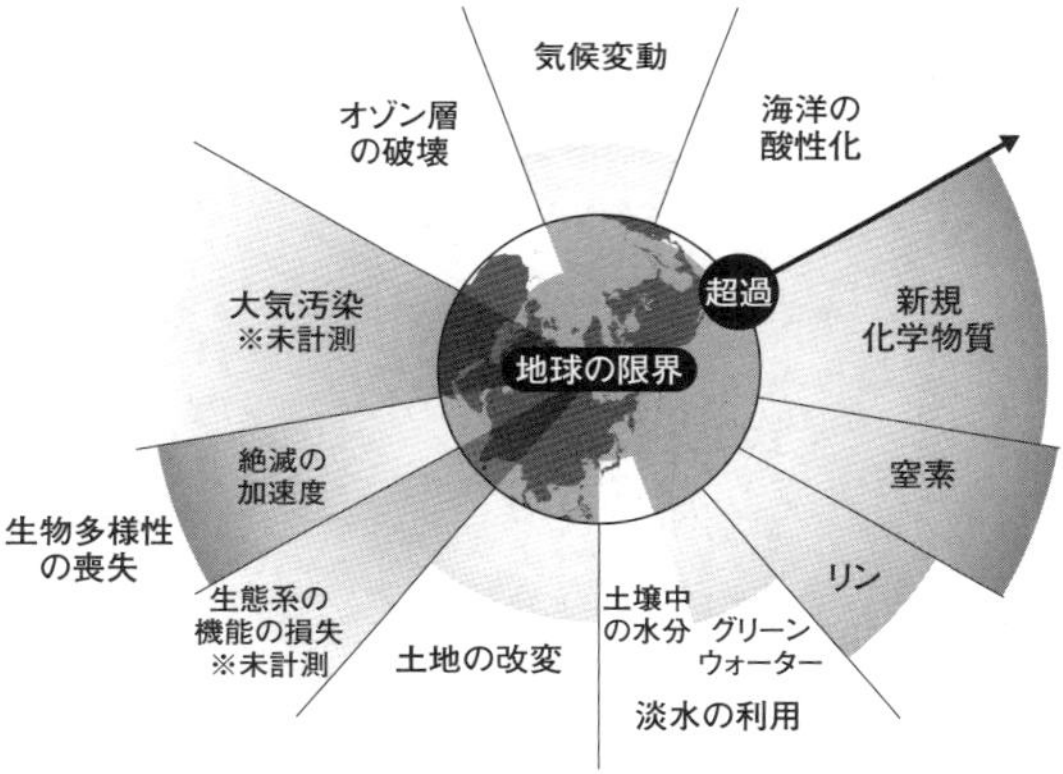

環境省「令和5年版　環境・循環型社会・生物多様性白書」より作成

ころ実現しないでいる。ただ、リンが足りないとなると、話は別だ。

将来のリン不足を考えると、私たちは下水汚泥を単なる産業廃棄物として埋め立てている場合ではないのである。

プラネタリー・バウンダリーで高リスク

「地球の限界（プラネタリー・バウンダリー）」という考え方がある。

自然には回復力（レジリエンス）がある。人間が悪影響を与えても、ある程度なら、時間の経過とともに旧に復する。とはいえ限界もあり、そこを超えると急激な変化が起きたり、回復できなくなったりしてしまう。この考え方から地球の限界を示したのが、プラネタリー・バウンダリーだ（図2）。

スウェーデンのストックホルム大学の環境学者だったヨハン・ロックストローム博士（一九六五年―）らが二〇〇九年に提唱し、その後の更改を経て今に至る。

現状のリスクを大まかに次の三つに区分している。
A　限界の範囲内（安全）
B　不確実な領域（リスク増加中）
C　不確実な領域を超過（高リスク）
「リンの生物地球化学的循環」は、最もリスクの高いCに区分されている。「成層圏オゾンの破壊」は限界の範囲内のAで、「気候変動」の二酸化炭素濃度はリスク増加中のBだから、リンがいかに危うい状況にあるかが分かる。

リン酸の製造が環境破壊に

リン鉱石は、特定の地域に偏在する。中国とモロッコ、エジプトの三カ国で、世界の経済的に採掘できる埋蔵量の約八割を占める。二〇二四年の産出量をみると、中国が四六パーセント、モロッコが一三パーセント、アメリカが八パーセントと続く。

いまだに終わらないリン酸の価格上昇は、最大の産出国である中国の政策変更が引き金となった。リン酸肥料やその原料は、製造する工程で、大量の電気や化石燃料を消費する。そのため、国家の方針として環境保護に舵《かじ》を切った中国が、製造過程で大量の二酸化炭素を放出する肥料工場の取り締まりに乗り出したのだ。

国の基準を満たしていない工場の操業を止めたため、肥料、原料ともに製造量が減った。国際的な原油価格の値上がりが追い打ちをかけ、製造と輸送のコストが上がり、価格が跳ね上がってしまった。

農家が肥料価格の高騰に苦しむ事態になったため、中国は行き過ぎた環境政策を軌道修正しつつ、国内で必要な量の安定確保と備蓄に熱心になる。輸出を締めつけるため、リン酸肥料を含む化学肥料関連の二九品目について、二〇二一年一〇月、輸出前の検査を始めた。

あくまで検査の強化という建前ながら、輸出量を大幅に絞っており、実質的な輸出規制になった。調達の現場は混乱に陥り、商社やJA全農（全国農業協同組合連合会）は慌てて輸入先を切り替えた。

環境への対応を強化し、リン酸の製造量を減らすのは、中国に限った話ではない。農水省農産安全管理課課長補佐の石原孝司《いしはらこうじ》さんは、「リン酸を製造することが自然破壊になるという認識が世界的に広まってきています」と話す。

リン鉱石にカドミウムといった重金属や放射性物質が含まれることが多いのも問題視されている。

バッテリーと需要食い合う

リンは工業用にも使われ、しかもその需要が拡大しつつある。最も顕著なのが、電気自動車（ＥＶ）用のバッテリー。ＥＶはバッテリーに電気エネルギーを蓄え、モーターを駆動して走る。

主流になりつつある「リン酸鉄リチウムイオン電池（ＬＦＰ電池）」は、名前の通りリン酸を使う。従来の電池は、ニッケル、コバルト、マンガンという、値段が比較的高い金属を原料にしていた。それに対し、この電池は鉄やリンといった安価な原料を使い、低価格を強みとする。

中国メーカーが先行して採用し、国内メーカーも追随している。日産自動車株式会社は二〇二四年九月、福岡県にＬＦＰ電池の工場を新設すると発表した。

動植物が生きていくのに欠かせないリン。高値を提示できる工業用の需要によって、その農業への安定供給が脅かされようとしている。

ＬＦＰ電池もリン安も、リン鉱石を原料とする「リン酸液」を使う。

「具体的な数字は示せないのですが、バッテリーへの需要増による肥料用リン安への影響は、あると思います」

こう価格への影響を話すのは、ＪＡ全農耕種資材部肥料原料課長の谷山英一郎《たにやまえいいちろう》さん。農水省によると、ＪＡ全農を含むＪＡグループは、国内で流通する肥料の五五パーセントを扱う。ＪＡ全農は、日本の肥料業界におけるプライスリーダーだ。年に二回発表する肥料価格が、全国的な指標となる。

二〇二四年一〇月末日にＪＡ全農は令和六肥料年度の春肥《はるひ》の価格を発表した。円安が前期より落ち着いたことなどを理由に、多くの肥料を値下げした。リン酸を原料とする肥料も値下げとなったものの、原料の国際市況をみると、リン酸の下げ幅は他の肥料原料より小さい。

「肥料の場合、国際価格は高騰前の数字に近いくらいまで落ち着いてきていますが、リン安だけはまだ高止まりしています。その要因は、中国が輸出を制限していることもあるでしょう。LFP電池の需要もあって、なかなか下がりにくいと考えています」（谷山さん）

中国では、EVの需要が爆発的に伸びた。政府がEVと、ガソリンと電気の両方を動力にするプラグインハイブリッド車（PHV）、燃料電池車（FCV）を「新エネルギー車」と位置付け、補助金や規制を通じ、製造や販売で優遇してきたからだ。これらの車両の年間生産台数は二〇二四年、一〇〇〇万の大台に乗った。

比亜迪《ビヤディ》（BYD）をはじめとするメーカーは、特に低コストのLFP電池の開発に血道《ちみち》を上げている。二〇二一年以降、LFP電池の価格は高騰した。そのため、リン酸液の価格が上がりやすい環境にあった。

中国がもたらした大混乱

中国によるリン資源の輸出制限は今も続く。谷山さんは二〇二一年一〇月に実質的な輸出の制限が始まったときのことを「大混乱になったが、モロッコから調達するなどして対応した」と振り返る。

「中国の農家の肥料に対する需要が、年明けから春先に最も高まります。なので、だいたい一月から四月くらいまで輸出を止めるというふうに、制限はパターン化しています。全農は、その時期には中国から入ってこないという前提で、調達しています」

リン資源の輸出に制限をかけるのは、中国に限った話ではない。産出量で八パーセントを占めるアメリカが、その先駆けだった。ＪＡ全農は、一九八〇年代にフロリダ州で自らリン鉱石を採掘していた。一九九六年まで、現地企業に委託してリン鉱石を採掘させていた。そのアメリカがリン鉱石の輸出を禁じた。

「アメリカは質の良いリン鉱石が次第に採れなくなってきたため、今では輸入もしています」（谷山さん）

アメリカからリン安の輸出は続いたものの、ＪＡ全農は調達先を増やすことで安定確保を目指そうとする。ヨルダンに現地法人を設立し、ヨルダンからの輸入も増やした。二〇一一年にヨルダンから撤退し、翌二〇一二年に中国南東部の福建《ふっけん》省に新設されたリン安の製造会社である瓮福紫金化工股份《おうふくしきんかこうこふん》有限公司に出資した。

中国から輸入するメリットは、日本が求める品質を満たすことができ、輸送の面で小回りが利くことにある。リン安の原料となるリン酸液がＥＶ需要によって高騰するまで、瓮福紫金化工は高い利益率を計上していた。

二　世界は化学肥料の争奪戦へ

船運賃の上昇

その中国から突然輸入できなくなったことで、不足分の調達先に選ばれたのが、モロッコだった。

「日本の求める品質に合ったものを、安定的に出せるという点から、世界最大のリン鉱石の埋蔵国であるモロッコから調達しています」（谷山さん）

モロッコは北アフリカの国で、ジブラルタル海峡を挟んでスペインと向き合っている。中国と比べると、まず何より遠い。

「船運賃だけでみると、中国よりかなり割高になります。どうしても、大きい船で、一度に三万トン程度を輸送しないといけない。中国だったら何千トンの単位で運べるので、それに比べると、非常に取り回しが悪いですね」（谷山さん）

モロッコからだと一隻の貨物船を借り切って、リン鉱石やリン安を三万トン分満載して運ぶことになる。

船運賃の高さも足を引っ張る。モロッコからの調達を始めた二〇二一年は、コロナ禍のただ中だった。港湾が封鎖されたり人手が足りなかったり、燃油代が上がったりして、船運賃が高騰していた。二〇二二年後半に一旦落ち着いたものの、二〇二四年から再び上昇している。原因は紅海の治安が悪化していることにある。イエメンに拠点を置く反政府武装組織「フーシ派」が紅海で商船への攻撃を繰り返してきた。

日本の商船は、二〇二四年時点において、スエズ運河と紅海を抜ける経路を避けている。モロッコからの船は、南アフリカの喜望峰を大回りしなければならない。

「船運賃も市況で上がったり下がったりしていて、今は若干高いところで推移しています。水不足で中米のパナマ運河も止まっていましたし、スエズ運河も止まっているので、船の運航を取り巻く環境は、以前よりも悪くなっています」（谷山さん）

パナマ運河は、記録的な干ばつで必要な水量を確保できないとして、二〇二三年七月から通行する船の数を制限した。二〇二四年夏になって水位が正常に戻り、制限を解除したものの、通行する船の数は同年秋の段階で元に戻っていない。

船運賃の高さが足を引っ張って、モロッコから調達するリン安やリン鉱石の価格は最近、中国に比べて一、二割ほど高くなっている。

大臣のモロッコ詣で

地中海と大西洋に面するモロッコは、アフリカとヨーロッパ、アラブの文化が交錯する多文化の国として知られる。王室を戴《いただ》く王国で、観光地として人気がある。一方で近年、日本にとって外交上重要な国になっていることは、あまり知られていない。

肥料原料の価格高騰が起きた二〇二二年以降、モロッコと日本の間で大臣級の往来が明らかに増えた。皮切りは、同年五月に武部新《たけべあらた》農林水産副大臣のモロッコ訪問。二日間の日程で、同国の三人の大臣と次々と会談した。主眼は、リン安の安定した供給だ。

同年一二月には、山田賢司《やまだけんじ》外務副大臣が三日間の日程でモロッコを訪問。外務省によると〈活発な要人往来や対話を通じ、経済・ビジネスを含む幅広い分野での協力を一層発展させていきたい旨述べました〉（外務省ウェブサイト）。

翌二〇二三年九月は、林芳正《はやしよしまさ》外務大臣がエジプトでモロッコのブリタ外相と会談した。二〇二四年五月には上川陽子《かみかわようこ》外務大臣が、訪日したブリタ外相と会談をしている（この頁、肩書はすべて当時のもの）。

肥料価格が高騰する以前にモロッコとの間でこれほど頻繁な交流はなかった。日本政府の対応は、ずいぶんと現金である。

図3　世界の肥料消費量の推移

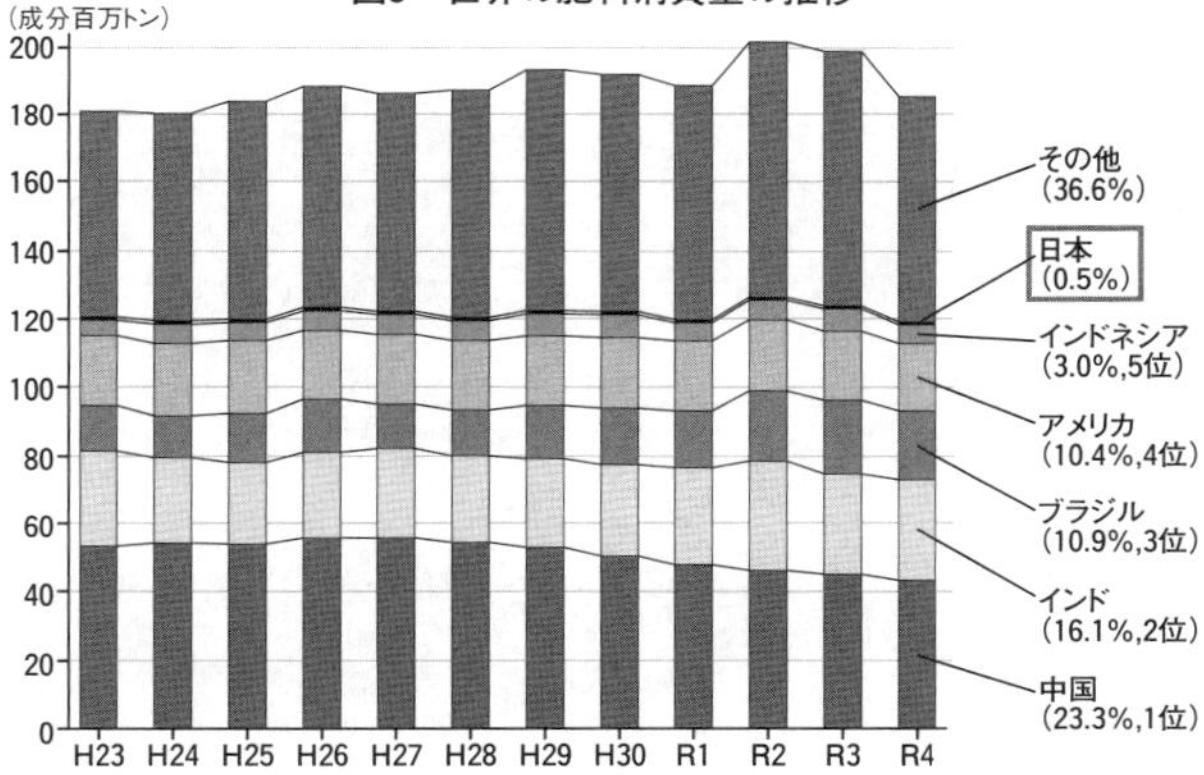

農水省「令和5年版　肥料をめぐる情勢」（令和7年2月）より作成

日本の肥料シェアはわずか〇・五パーセント

日本がモロッコに求めるのは、リン安をはじめとする肥料の原料の輸出と、食料安全保障への寄与だ。中国が肥料の輸出に制限をかけた結果、リン酸資源の輸入国が一斉にモロッコから調達するようになった。

世界の肥料の消費量でみると、日本のシェアはわずか〇・五パーセントに過ぎない（図3）。中国（二三・三パーセント）、インド（一六・一パーセント）、ブラジル（一〇・九パーセント）、アメリカ（一〇・四パーセント）、インドネシア（三パーセント）といった上位の国々と比べると、「その他大勢」でしかない。これでモロッコに肥料の輸出を渋られては、日本の農業が危うくなる。〇・五パーセントしかシェアがないため、日本が買い付けるときは、どうしても国際市況に引っ張られる。肥料の消費大国が作物を増産したり減産したりするという外的な要因に、大きな影響を受けてきた。なお、日本のシェアは今後一層下がっていく。農業生産の落ち込みが影響して、肥料の消費量は一九七〇年代をピークに減ってきた。

さらに、政府が化学肥料を削減する目標を掲げている。二〇二一年五月、農水省が「みどりの食料システム戦略（以下、みどり戦略）」を策定した。同戦略で目標とするところは、「二〇五〇年までに化学農薬の使用量五〇パーセント減、化学肥料の使用量三〇パーセント減、有機農業の面積を農地全体の二五パーセントに」というものである。

化学肥料に関しては、この目標が自然と達成できそうだという。

「みどり戦略では二〇五〇年までに化学肥料を三割減という目標を掲げていますが、価格高騰以降、肥料の需要は大幅に落ち込んでいます。化学肥料の価格は一時に比べある程度下がっていますが、円安の影響もあり高止まりしているため、需要はまだ戻っていません」（谷山さん）

日本肥料アンモニア協会の統計によると、令和五肥料年度において化学肥料の需要は令和二年度より二割減っている。値上げを見越した買いだめの反動で購入量が減ったとの指摘もあるが、「もうさすがにその在庫は残ってないとみています。あとは、堆肥や鶏糞燃《けいふんねん》焼灰《しょうばい》といった国内資源が増えているという実態は、あります。ただ、全農としても国内資源の活用に取り組んでいるところではありますが、需要減を埋めるほどはまだ増加していないと思います」と谷山さん。

鶏糞燃焼灰は、名前の通り鶏糞を燃やして灰にしたもの。リン酸が豊富に含まれるため、化学肥料の代わりになるとして期待を集めている。

インドの国産化、ノルウェーの鉱山開発

「世界的に人口が増えていることもあって、世界の肥料需要は、基本的に年に数パーセントずつ伸び続けると想定しています。あとは逆に生産能力がどれだけ増えるか。需要と生産能力の伸びが、今後の調達に最も影響してくる要素です」（谷山さん）

需要が増えるため、肥料の価格は下がりにくくなる。一方で、そこに商機を見出して増産に乗り出す国や企業が出てくるので、価格は上がり下がりを繰り返すだろう。

化学肥料の国際価格が値上がりしたことで、食料安全保障の観点から国産化を進めたり、需要を満たすために増産したりする国が出てきた。

国産化に舵を切ったのがインドだ。同国は、中国に次ぐ世界第二の化学肥料消費国で、二〇二二年時点で世界の肥料の一六・一パーセントを使っていたが、輸入頼みを改め、自給率を高めようとしている。代表的な窒素肥料である尿素を増産すべく、大規模な工場を建設するなどして、ここ数年、肥料の輸入量を大きく減らしている。

リン酸に関して、ノルウェーで大規模な鉱床が発見されたとのニュースが二〇二三年に世界を駆け巡った。今後五〇年の世界の需要を満たせるリン鉱石が埋蔵されていると報じられている。ただし、経済的、技術的に果たして実際に採掘できるかどうか不明で、糠喜《ぬかよろこ》びはできない。肥料業界の関係者に聞いても、「眉唾《まゆつば》」とか「期待薄」との冷めた見方が多い。

リン鉱石は、重金属のカドミウムを含んでいたり、放射能を帯びていたりすることが多い。採掘に適した品質でなければ、どれほど埋蔵量があっても用をなさない。

先にも述べたように、リン酸の製造自体が環境負荷になるとして世界的に避けられる流れにある。このことも逆風となる。過剰な期待は禁物なのだ。

中国依存を脱する難しさ

世界各国がさまざまな対策を講じるなか、日本は何ができるのか。選択肢の一つに、肥料の調達先の多元化がある。これは、JA全農が長年掲げてきた課題でもある。

「多元化という意味では、ずっと取り組んではいるんですけども」と谷山さん。だが、リン安の輸入元は、本章の冒頭の円グラフに示す通り、米中とモロッコの三カ国で九割を占める。なかでも中国が七割と、依然として最も多い。

他にも生産国はあるものの、日本のメーカーが要求する品質をクリアできる国は限られる。

「価格の面でも、やっぱり中国は近くて価格競争力があって品質もいいという、条件がそろっている。中国が輸出を再開すると商社が買い付け、我々も当然そこに対抗しないといけないので、ある程度買わざるを得ない。代替となりそうな地域がなかなか見つからないという状況です」（谷山さん）

三　ウンコという都市鉱山

支持率が低迷した末に不承不承《ふしょうぶしょう》、二〇二四年一〇月に退任した岸田文雄前首相。政治家としての評価は芳《かんば》しくない。そうではあるが、ウンコの活用においては、時代を画する政策を打ち出した。それが、「国内肥料資源の利用拡大」だ。

二〇二二年九月に開かれた政府の食料安定供給・農林水産業基盤強化本部の会合で、岸田首相（当時）は野村哲郎《のむらてつろう》農林水産大臣（同）に対し、次のように指示した。

「下水道事業を所管する国土交通省等と連携して、下水汚泥・堆肥等の未利用資源の利用拡大により、グリーン化を推進しつつ、肥料の国産化・安定供給を図ること」

人や家畜の糞尿を肥料の国産化に生かせと号令をかけたわけだ。これを受け、国交省は下水汚泥の用途として、肥料化を最優先とする方針を掲げた。

同年一二月には、二〇三〇年までに家畜排泄物由来の堆肥と下水汚泥資源の肥料としての使用量を倍増し、リンベースの肥料の使用量に占める国内資源の割合を四〇パーセントまで高めるとの目標が示される（図4）。これは「食料安全保障強化政策大綱」に盛り込まれ、閣議決定された。二〇二三年一〇月には、農水省が汚泥を肥料に使いやすくしようと後述する新たな肥料の規格を作った。

鶴の一声で、ウンコを取り巻く雰囲気が大きく変わった。決断力のなさを批判された岸田前首相。だが、ウンコの肥料利用に関しては、決める力を発揮していた。このことは、

図4　リンベースの肥料使用量

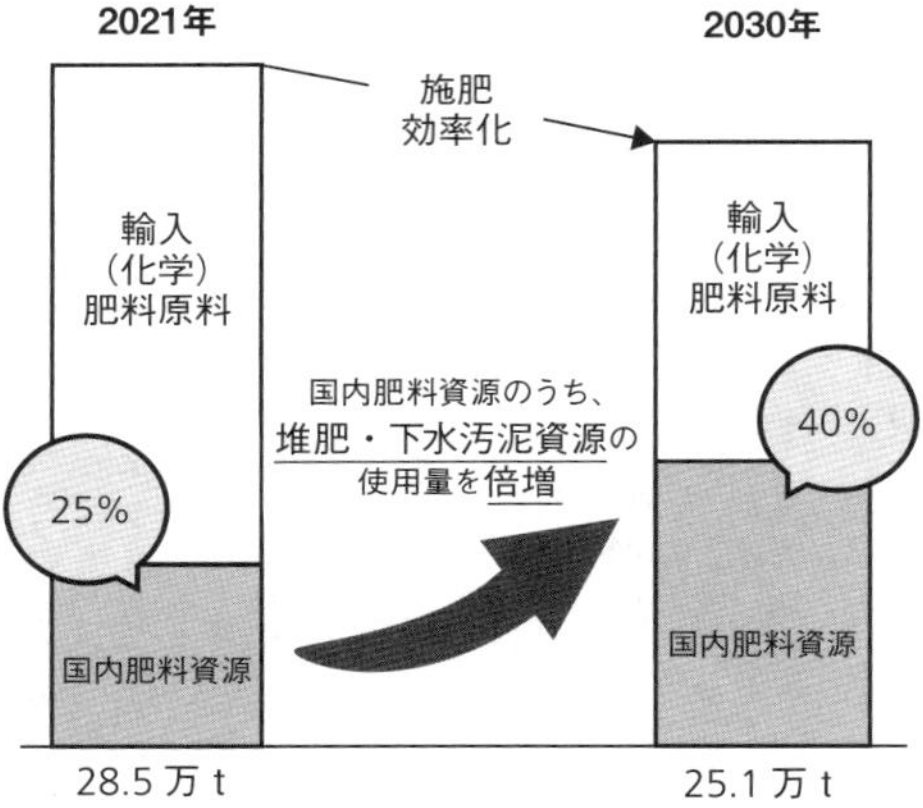

農水省「肥料をめぐる情勢」（令和7年2月）より作成

もっと評価されていい。

一〇〇億円以上のリン酸が含まれている

下水汚泥の発生量は、年間で二三五万トン（二〇二二年度、国交省調べ）に上る。肥料の三要素の一つであるリン酸が豊富に含まれ、その量は一二万トン近くになると見積もられている。これだけのリン酸が含まれる肥料の原料を輸入しようとすると、今の国際相場なら一〇〇億円を優に超える。

国交省は二〇二三年度、下水処理場を対象とした分析調査を行った。その結果を、上下水道企画課企画専門官の末《すえ》久《ひさ》正《まさ》樹《き》さんが説明する。

「脱水汚泥などにリン酸が平均で四、五パーセント含まれていました」

脱水汚泥は下水汚泥の水分を絞ったものを指す。下水汚泥に肥料の原料にするのに堪えるだけのリン酸が含まれていると改めて確認できたわけだ。

ところが、肥料などとして使われる下水汚泥は、全体の一四パーセントに当たる三二万トンにとどまる。全国に約二二〇〇カ所ある下水処理場の多くは、下水汚泥を廃棄物として処理業者に引き取ってもらっている。

「地域によって上下しますが、基本的にトン当たり一万円から二万円程度の処分費がかかります」（末久さん）

処理場によって下水汚泥の形状が違うので単純に計算できないが、下水汚泥の処分に年間、数千億円を超える公費が投じられていることになる。なお、下水汚泥の相当量はセメントや下水管といった建設資材としてリサイクルされている。とはいえ、下水汚泥は建設資材に向くわけではない。リンを豊富に含むため、混ぜ過ぎるとコンクリートやセメントが固まりにくく、強度不足に陥りやすくなる。使える資源に処分費を払い、しかも八六パーセントが肥料にされないというのは、実にもったいない。

肥料前史

リン鉱石はいまや、新たな鉱床の発見に世界が一喜一憂するほど、重要な資源になった。だが、リン酸が化学肥料として使われ始めたのは一八三九年。たかだか一八六年前に過ぎない。

当然のことながら私たちの祖先は、それ以前から作物を育てるために施肥《せひ》をしてきた。施肥は、時間も手間もかかる気長なものから、手軽に早く効かせられるものへと移り変わっている。その歩みをたどると、リン鉱石の登場より前にこそ未来へのヒントがあると分かる。

施肥の原始的な姿の一つが、日本でも見られる焼き畑農業だ。草木を焼き払った後に残った灰を肥料として利用する。

中世ヨーロッパの三圃《さんぽ》制では、耕地を三つの区画に分けた。そして、作付けしたり、休ませたり、家畜を放牧したりするローテーションを組んだ。輪作することで畑に養分を供給して地力《ちりょく》を保ち、作物を収穫し続けることができた。

家畜の糞尿を熟成させた「厩肥《きゅうひ》」は、世界的に広く使われてきた。人糞を使う地域は、それに比べると限られるとはいえ、肥料として使う歴史は古い。

中国の「土糞」という言葉は、人や家畜の糞や草木灰を含んだ肥料を指すとみられる。今から三〇〇〇年前に滅びた殷《いん》王朝の時代に、甲骨文字に登場していた。人糞はヨーロッパでもギリシアやローマの時代にすでに使われていた。イギリスの人糞肥料「ナイトソイル」は商業取引されていた。

リン酸肥料の先祖といえるのが、獣骨を砕いた骨粉だ。こちらも日本を含め、世界各地で使われてきた。

化学的に処理されたリン酸肥料は、一八三九年にようやく登場する。肥料として使われてきた骨粉の効きを良くしたい――。イギリスの研究熱心な地主ジョン・ベネット・ローズがこう考え、骨粉に硫酸を注いで「過リン酸石灰（過石《かせき》）」を作った。一八四二年に特許を取り、工場を建てて翌一八四三年に生産を始めた。これが化学肥料の始まりである。

過石は今でも、効きの良い肥料として農家から重宝されている。なお、ウンコが置き換わり得るのがこの過石である。その生産開始から間もなく、需要が高まり骨が足りなくなった。ヨーロッパ中の食肉処理場から家畜の骨を掻《か》き集めてもなお足りず、死者の骨まで使って物議を醸《かも》した。

ゴールドラッシュならぬ「糞化石ラッシュ」

そんな骨の天下をひっくり返したのが、「グアノ」だった。グアノは、南米のペルーで高度な文明を発達させたインカの言葉で、「糞」を意味する。海鳥の糞が堆積し化石化したもので、「糞化石」「鳥糞石」とも呼ばれる。不毛の大地に施すことで収穫を可能にする優れた肥料だった。そのためインカの人々は、グアノを金と同じように貴《とうと》び、鳥が巣を作るのを妨げた人間を死刑に処したという。

インカを征服したスペイン人は、金の略奪に気を取られたのか、グアノの価値を理解しようとしなかった。肥料としての有用性がヨーロッパに伝わったのは、一九世紀初頭になってからのこと。厩肥の数十倍効く肥料として、一八四〇年代にイギリスの商社がペルーで採掘を始め、まずヨーロッパに輸出した。

その後、利益の大きさに目をつけたペルー政府が専売制を敷く。ペルーのグアノの主産地だった太平洋に浮かぶチンチャ諸島には、数千年かけて鳥の糞が積もった高さ三〇メートル超の山があった。一八六四年にこの島がスペインに占領され、両国が戦争する原因になるほど、グアノの販売収益は巨利を生んだ。

グアノはアメリカにも輸出され、一八五〇〜一八六〇年代に「グアノラッシュ」を巻き起こす。同時期に起きた、ゴールドラッシュに勝るとも劣らない影響を社会に与えながらも、こちらはいまや語られることも少ない。

当時のアメリカは、一八九〇年まで続く西部開拓の最中《さなか》。西へと移住するにつれて農地が増え、肥料の需要が高まっていた。農地は、開拓直後は養分を豊富に含むものの、作付けを繰り返すごとに地力が失われていく。肥料を施す必要に駆られていた農家にとって、グアノの登場は、干天《かんてん》の慈雨《じう》だったのである。

リン酸とアホウドリと戦争

ゴールドラッシュの舞台がカリフォルニアだったのに対し、グアノラッシュの舞台は、珊瑚礁《さんごしょう》の島々だった。主役は、グアノの高騰に便乗して一山当てようと目論《もくろ》む商人たちである。

彼らはカリブ海や太平洋で調査と採掘を始めた。自国の領土ではない島で、資源を収奪し荒稼ぎする。当然の結果として、数々の国際紛争を引き起こした。アメリカ政府はその動きを追認し、商人たちが占拠した無人島を自国の領土に組み込んでいく。

後に太平洋戦争でアメリカと日本は南洋で衝突した。その端緒は、アメリカのグアノラッシュに遡《さかのぼ》ることができる。

日本は日本で、アホウドリの羽毛を輸出するという「バードラッシュ」に沸いていた。アホウドリは、人への警戒心が薄く、動きが鈍《にぶ》い。そのため、こんな不名誉な和名を付けられている。

商人たちはこの気の毒な鳥の生息地を見つけると、棒で撲殺して回り、羽をむしり取った。その販売で巨万の富を築いた者もいた。アホウドリの棲む無人島を商人が追い求め、日本政府が版図《はんと》に組み込んでいく。これは、下関市立大学の平岡昭利《ひらおかあきとし》名誉教授の指摘である。

日米ともに領土拡大は、海鳥を追って利益を求める商人が先鞭《せんべん》をつけていたのだ。グアノラッシュはその後、唐突に終わりを告げた。フロリダで一八八八年にリン鉱石の鉱脈が見つかり、わざわざ遠方で採掘する必要がなくなったからだ。

かたや日本は、バードラッシュで獲得した島で、リン鉱石を採掘するようになっていく。アホウドリを撲殺した当然の報いとして、羽毛は早々に獲れなくなってしまった。

リン鉱石のほとんどは、「海成リン鉱石」だ。これは海水に含まれるリン——もともとは動植物の死骸であったもの――が海底に沈殿、堆積し、地殻変動で隆起して陸上に出てきたもので、アメリカと北アフリカ、中近東に分布する。その採掘が盛んになるにつれ、遠方にあって採掘に不便なグアノをはじめ、それ以前に肥料とされたものは、切り捨てられていく。

リンは海水や湖水、土壌などそこら中に含まれている。ただし、肥料や工業用に使うには、濃縮する必要がある。現代人が掘り返しているリン鉱石は、自然が一億年以上かけて私たちが使える程度までリンの濃度を高めてくれたものだ。ひとたび枯渇すれば、地球がまたそれだけ時間をかけて鉱石を生み出すのを待つしかない。

リン鉱石が高騰し枯渇する。人類の存亡にも関わる危機の到来を前に、これまでゴミとして見捨てられたものが、再び脚光を浴びようとしている。

第二章　ウンコ版「夜明け前」――バカにならない温室効果

森ヶ崎水再生センター

一　羽田の隣は国内最大の下水処理場

下水がどう処理されるか見てみたい。

そう思ったのは、次の情けない事実に気づいたからだった。私は、農業分野を主戦場に記事を書いてきた。ロシアのウクライナ侵攻の前後に肥料が高騰するよりも前から、ウンコを肥料にすべきと主張してきた。「ウンコ本」を書こうと決めたとき、自分にはこれまでの蓄積があると思い込んでいた。

ところが、いざ取材を始める段になって気づく。何も知らないじゃないかと。

トイレ革命前夜の中国と汚物

二〇一〇～二〇一三年に北京で暮らした経験がある私は、平均的な同世代の日本人より、他人のウンコに馴染みがあるはずだ。習近平《シージンピン》国家主席が二〇一五年に「トイレ革命」を掲げ、各地に衛生的なトイレを整備すると唱える前だった。

北京大学にあった人気の喫茶店はトイレの水流が恐ろしく弱く、誰かが置き去りにしたウンコが流れぬまま頻繁に放置されていた。今日はどの個室のドアを開けるか。一瞬の判断でその一日を気分よく過ごせるかが変わってくる。運命が分かれるロシアンルーレットの感があった。

当時、地方でまだよく見られたのが、床に溝を切っただけのトイレ。しゃがんでいたら、上流から誰かがしたばかりのものがノロノロと押し流されてきた。最悪なのはガソリンスタンドのトイレで、地面にただ穴が掘ってあって、穴の中には山がこんもりと築かれている。乾燥地帯のせいか、下の方は白みを帯びた黄土色に変化している。単に用を足すためだけに、死んでもここに落ちてはいけないという一大決心をせねばならない。

中国生活のおかげで、トイレで確実に鼻息を止めるという術《すべ》には長《た》けている。汚物が「汚物然」としてそこにあった世界の記憶に引きずられ、下水処理場のイメージはどんどんおっかないものになっていく。

取材を申し込んだ東京都下水道局からは「動きやすく汚れてもよい服装でお越しください」との丁寧な案内がメールで届いた。防水性の高い黒のゴアテックスの靴に黒のズボン、黄土色のシャツというういで立ちで、日本最大の下水処理場に向かった。

ところが現実は、想像と全く違っていたのである。

三交代制、日本最大の不夜城

グォーン――。低い音を立てて、白い飛行機が目線よりわずかに高いところを滑降していく。

「羽田空港がすぐそこですから。向かい風を受けて降りるのが良いみたいで。今日は南風に向かって降りてくるんでしょうね」

だだっ広い敷地にまばらに立つ建物と建物の間を、青色に青磁色、肌色、銀色といったさまざまな色と形状のパイプが走っている。私から見てほぼ真横を低空飛行する飛行機は、しばしばその陰に入って見えなくなる。

ここは、日本最大の下水処理場・森ケ崎《もりがさき》水再生センター。東京の玄関口である羽田空港とは、幅一〇〇メートルの運河を挟んで隣り合っている。東京二三区の実に四分の一の面積から下水を集めて処理する。対象とする範囲は、立地する大田区はもちろん、品川、目黒、世田谷区の大部分と、渋谷、杉並区の一部で、二一〇万人が住んでいる。

ここは不夜城だ。二四時間、三六五日休むことなく稼働し続け、職員が三交代で詰める。周辺のポンプ所といった関連施設も含めると、職員数は一〇〇人近い。

その広さは東京ドーム九個分に当たる四一万五三〇九平方メートルで、一日に約一〇〇万立方メートルの水を処理する。これは、処理量において日本一だ。用地は幅一〇〇メートルの運河を隔てて東西二カ所に分かれている。一九六七（昭和四二）年に西側が、一九七五（昭和五〇）年に東側が運転を始めた。

「訪れて、かなり大きいと感心する人が多いんです。私はよそが分からないので実感がわかないんですが。狭い方の西施設を案内してもそう言われるので、ああ、そうなんだなって」

こう教えてくれたのは、東京都下水道局森ヶ崎水再生センター次長の濱村竜一《はまむらりょういち》さん。水色の上着に紺色のズボン、右胸に「東京都下水道局」と書かれたワッペンが縫いつけてある作業服姿だ。

「羽田空港に近いからといって、空港に行くついでに見学に訪れる人もいるんですよ」

敷地内には空港を望める展望台もある。そんなに気軽に訪れられる場所だったとは、思いもしなかった。小学生が社会科見学で訪れることもあるという。

航空機が見えた角度からすると、運が良ければ離着陸する飛行機の窓からセンターが見えるはずだ。

見学を始める前、濱村さんが場内を一望できる西施設の四階にあるベランダに案内してくれた。

「ここから、あの中学校までが敷地です」

そう言って指さす白い建物は、四〇〇メートル先にある。そこまでに広大な打ちっぱなしのコンクリートが広がり、水の張られた池が並ぶ。その隣には樹木と芝生の植わった緑地が広がっていて、テニスコートやサッカー場まで整備してある。大田区が管理し、市民に開放しているこの公園のサッカー場で、蛍光色のTシャツを着た集団が日差しを浴びて走っていた。

明るくて、申し込みさえすれば誰でも見学できる。公園に至っては、開放時間なら自由に出入りできるという開かれた空間がそこにあった。あっけらかんとして明るい世界に、見事に予想を裏切られた。

臭気対策と機械化、自動化が進む

裏切られたのは、それだけではない。見学を始めて、そのきれいさに驚かされることになる。まず意外だったのは、臭くないということだ。訪れるまで、下水処理場といえば臭いという思い込みをしていた。

下水処理場について書かれた有名な文章に、開高健《かいこうたけし》の「ぼくの〝黄金〟社会科」がある。『週刊朝日』の連載で、出色のルポルタージュとされた『ずばり東京』の一篇だ。東京オリンピック前夜の東京の下水処理場を見学し、一九六三年四月に記事が掲載された。〈すごいにおい〉とか〈目がちかちかして〉といった率直な感想が書き連ねてある。

小学生の健の宿題という体裁をとっており、平仮名で分かりやすく表現している。優しい文体と平仮名で印象が丸くなっているものの、覆いがたい臭気が行間から立ち上ってくる。

〈二十年か三十年つとめた人がいるそうですが、その人はフロに入ったり、汗をかいたり、お酒をのんだりすると肌からにおいがたったといいます〉

そんなイメージに引きずられ、おっかなびっくり処理場の中に足を踏み入れたのだった。

トイレから出る汚水はもちろん、風呂やシャワーのお湯、台所で出る水などすべてを加えると、日本では一人で一日に二〇〇リットル以上の下水を出す。東京二三区だと、それが通る下水管の総延長は、東京とオーストラリア最大の都市であるシドニーを往復できる距離にもなる。全国だと優に月まで行ける長さになる。都内で最大の下水管は直径八・五メートルの太さだ。

センターに入ってきた下水がまず通るのが、沈砂池《ちんさち》。一番最初の工程で、何の処理もされていないほぼそのままの下水を扱うので、建物内はにおうのではないか。警戒して沈砂池を覆う建物に入ると、ムワッと鼻腔《びくう》に入ってくるにおいがやはりある。

ところが、鰹節《かつおぶし》を思わせる出汁《だし》が濃縮したようなにおいだったので、拍子抜けした。臭い刺激臭ではない。アンモニア臭や腐った食べ物のようなにおいのいわゆる「下水臭」はせず、逆に驚いた。

「においがしますね。でも臭《くさ》い感じではないです」と濱村さんに話しかけると、「慣れてるので、もう我々は分からなくなっているんですよ」という返事だった。

下水の臭気をファンで吸引する脱臭設備が付いているから、そのお陰でもあるのだろう。夏場に掃除を怠った炊事場の排水口の方が、よほど臭いにおいを立ち上らせている。

建物の床《ゆか》にはコンクリートが打たれ、その上に配管や鉄骨などの構造物が見える。沈砂池の水面は、床よりもさらに一二メートルほど下にある。下水が地下深くを流れてくるからだ。

下水はまず、「スクリーン」という格子《こうし》状の柵を通って、木片や浮遊している大きなゴミを取り除かれる。その後、沈砂池をゆっくり流れる過程で、土砂を水底に沈殿させていく。

沈砂池を通った下水は、ポンプで汲み上げられる。ポンプについては、運転管理を担当する田中茂《たなかしげる》さんが説明してくれた。

一〇〇人もの職員を擁するだけに、仕事は細分化されている。ざっくりいうと六割が運転管理を、四割が保守工事を担当する。森ヶ崎水再生センターは運転開始から半世紀以上が経ち、設備の更新や修理が欠かせない。

ずらっと並ぶ一〇台のポンプを前に田中さんが「ポンプ一台で、学校のプールを二分間で空《から》にしてしまう」と解説する。とんでもなく強力だ。センターの処理工程は機械化、自動化が進んでいる。

次に下水は第一沈殿池に入り、二、三時間かけて通過し、汚れを底に沈殿させる。沈砂池では大きかったり重かったりする異物を取り除いたが、この沈殿池は「沈砂池で取れなかった小さな汚れを時間をかけて沈ませて取り除きます」（田中さん）。

下水処理のアイドル・クマムシの実力のほど

次に通るのが反応槽で、六〜八時間と最も長い時間をかける。これまで格子状の柵や重力で異物を取り除いてきたが、反応槽は微生物の力を借りる。下水処理といえば塩素消毒、という安易なイメージを抱いていた。実は塩素は一番最後に加えるだけで、重要な部分は薬品ではなく自然の浄化作用に頼っている。

ここを説明してくれるのは、森田健史《もりたけんし》さん。水質管理を担当し、水処理が良好に進行しているか、処理した水の水質が法令の基準を満たしているか確認する。

「第一沈殿池まで固形物の除去をしてきましたけれども、反応槽は下水中の有機物や窒素、リンを微生物によって除去することになります。微生物は、基本的に人間と一緒で、生きていくためには空気が必要ということで、下からブクブクと空気を送り込む装置で酸素を供給するしくみになっているんです」

水槽の水に空気を混ぜ込むエアレーションのように、空気を送り込んで、微生物に下水に含まれる有機物を分解してもらう。さらに、汚れが微生物に付着して塊《かたまり》になることで、沈めて除去しやすくもなる。センサーを設置し、空気の量や微生物の濃度を測って、微生物が活動しやすいように制御している。

反応槽にセンサー（右手前）が差し込まれているところ

反応槽はすべてオレンジ色の樹脂でできた蓋で覆われていた（写真）。ほぼ最終に近い工程の一カ所だけが見学者のために蓋のない状態で開放されていて、においは全く感じられない。微生物の力に感心させられる。

反応槽の前の廊下には、クマムシやメンガタミズケムシといった微生物の絵が等間隔に描かれていた。

クマムシは、体長〇・一～一ミリ程度で、八本のずんぐりした肢《あし》を持ち、見た目が動物のクマに似ている。ゆっくり歩くので、緩歩《かんぽ》動物と呼ばれる。あらゆる環境に生息し、マイナス二七〇度台～一〇〇度まで耐えられるので、地上最強生物とも称される。

なかなか死なないため、どうやったら死ぬかというクマムシにとっては迷惑極まりない実験が科学者によって繰り広げられてきた。真空の状態に置かれたり、凍結されたりするのはまだいい方で、放射能を浴びせられたり、時速三二四〇キロメートルもの超高速で砂袋に衝突させられたり、月面に置き去りにされたりと、散々な目に遭っている。

クマムシは、愛嬌《あいきょう》のある見た目で人気がある。センターの紹介ビデオにも登場し、もぞもぞと這《は》い回っていた。他県の下水処理場でもよく紹介されている。人気に比例して重要な役割を果たしているのかと思いきや、そういうわけでもないらしい。

「実際に有機物などを処理してくれるのは、こういう微生物よりもっと小さくて顕微鏡でも見えないような細菌類なんです。食物連鎖で細菌類をこういう微生物が食べるので、微生物を見れば処理がうまくいってるかどうか分かります。ですから、定期的に顕微鏡で観察をしていますね」（森田さん）

見えないところで働く細菌類という無数の黒衣《くろこ》がいるからこそ、クマムシが下水処理のアイドルとしてスポットライトを浴びることができる。

取材で訪れたのは二〇二四年八月下旬で、連日三〇度前後の暑さだった。

「夏の今、この時期だと生物の種類が多くて大型化してるんですけど、冬は小型になって種類も少なくなり、処理の進みが悪くなってしまうんです。自然の営みなので、夏の方が処理は早いんですよ」

反応槽のクマムシやイタチムシ、ツリガネムシといった微生物は、下水の中にもともといるもの。だからセンターは、箱こそ人工的に造られているものの、根幹は自然の営みに支えられている。

なお、この反応槽の屋上には先ほどベランダから眺めた森ケ崎公園が整備されている。微生物と人が、階下と階上で共に汗を流しているわけだ。

公園を階下から見上げつつ、濱村さんが教えてくれた。

「広い敷地を下水処理場としてのみ使うのは、ちょっともったいないですから。それからやっぱり下水を扱いますから、対策をしていても、迷惑施設的なものであることに変わりはありません。公園の整備には、地域貢献の意味合いもあるんです」

虎ノ門ヒルズの空調に下水の熱

反応槽でできた泥、つまり汚泥の塊と処理された下水は、第二沈殿池（次頁の写真）に流れ込む。ここで三、四時間かけて汚泥の塊を沈殿させ、上澄みの水が処理水となる。汚

第二沈殿池。ここで汚泥の塊を沈殿させる

泥は集められ、大部分は反応槽に戻して再利用され、一部は汚泥処理施設に送られる。

　第二沈殿池の水がきれいなのに感心していたら、濱村さんに真剣な表情で「何かにおいとかは感じられましたか？」と聞かれた。「ここは全然感じません」と答えると、ホッとしたようす。

「よかったです。処理がうまくいっているということだと思います。都市化が進んでいて、すぐ近くにもマンションや宅地があるので」

　ここに限らず都の水再生センターは建設当初、概して周りに住宅が少なかった。それが周辺の開発が進み、後から来た住民に臭いと苦情を言われることもある。それだけに、においの問題には神経を尖らせている。

第二沈殿池から出た処理水のほとんどは、塩素消毒して迷路のような水路を通り、時間をかけて混ぜられ海に流される。処理水が滝のように水路へと流れ落ちる一角では、下水の熱気が感じられた。

夏場の下水処理場は、コンクリートの照り返しのせいか、どこを訪れても暑かった。大概汗まみれになって見学を終えるのだが、この日は曇天で気温が上がらなかった分、下水の放つ熱気が印象に残った。

最後の吐水口では水温が上がっていたものの、処理場に至るまでの下水の温度は年間を通じて一七度程度に保たれている。冬は温かく、夏はひんやりと感じられる温度だ。

そんな下水の性質を冷暖房に活用するのが、森ビル株式会社（東京都港区）がデベロッパーとなって開発した東京都港区の複合施設・虎ノ門ヒルズ。下水熱は安定して確保できるうえに都市に豊富にある。これを生かさない手はない。

下水熱については、第六章で改めて取り上げる。

二　大都市は軒並み「火葬」

汚泥は、事業で生じた泥状の物質の総称だ。下水汚泥というと、ドロドロしているのかと思いきや、そうではない。

「最初は汚泥といっても、水分が九九パーセント。もうほとんどが水なんです」

こう説明してくれたのは、東京都下水道局のエネルギー・温暖化対策推進担当課長である池田《いけだ》亘宏《のぶひろ》さんだ。

都では年間、東京ドーム約五六杯分（約七〇〇〇万立方メートル）もの下水汚泥が発生する。二三区で汚泥を処理する設備は、五つの施設にしかない。設備を持たない水再生センターからここに汚泥を送って、まとめて処理している。森ケ崎水再生センターの汚泥は、直線距離で三キロのところにある南部スラッジプラント（大田区）に送られる。ほとんど水分だった汚泥はここで濃縮、脱水される。

「含水率をだいたい七七パーセントとか、高性能な脱水機になると、七四パーセントくらいまで下げることができます」（池田さん）

丸い筒を高速で回転させて脱水する、洗濯機と似たようなしくみの遠心脱水機で、水分を飛ばす。こうして半固形物の脱水汚泥ができあがる。

「ケーキ貯留槽」に「ケーキ搬送ポンプ」

脱水汚泥は「脱水ケーキ」とも呼ばれる。そのため、プラント内には「ケーキ貯留槽」とか「ケーキ搬送ポンプ」「ケーキ圧送ポンプ」がある。名前こそケーキだが、ショートケーキやスポンジケーキとは、色も質感も全く異なる。濃い灰色、まさにチャコールグレーで、水分を含んでモソモソして、アンモニア臭を放つ。

私がこの脱水ケーキを最初に見たのは、二〇一九年のことだった。下水道の関係者が集《つど》うセミナーで、岐阜県のある自治体がプラスチックのタッパーに入れ、見本として展示していた。

休憩時間になり、熱心な自治体職員は、タッパーの蓋をあけて説明を始めた。湿気を含んだ灰黒色《かいこくしょく》の脱水ケーキからは、ウンコのにおいとまではいかないが、いわゆる下水のにおいである下水臭が立ち上ってくる。その隣には地元の特産だという柿がカットされ、やはりタッパーに入れられていた。

参加していたスーツ姿の男性たちは、脱水ケーキの説明を一通り聞き、ふんふんと頷《うなず》きながらその場で柿を頬張って、盛んに意見を交わしていた。下水臭とそれまで縁遠かった私には、なかなか衝撃的な光景だった。今思えば、脱水ケーキは柿と同じくらい新鮮だったのだろう。私でも何とか隣で柿をつつける程度には、においが抑えられていたのだから。下水汚泥は時間が経つほど強烈な臭気を発するようになるのである。

東京都は全量焼却

この脱水ケーキは、都で年間一二〇万トンも発生する。ケーキ圧送ポンプを通って最後に行きつく先は、焼却炉だ。

「東京都から発生する汚泥は、全量焼却という形になってます。二三区内に五カ所の焼却施設がありまして、そこで焼却している状況です」(池田さん)

八五〇度以上の高温で、瞬時に焼いてしまう。自分のウンコは最終的に燃やされる。このことを知っている都民が、どれくらいいるだろうか。

腐敗しやすい有機物を一瞬で燃やして無機化し、扱いやすく、かつ小さくする。なんだか非常に現代らしい処分方法ではある。

燃やした後に残る灰は、重量でいうと脱水ケーキの約四・五パーセントまで減る。最初の下水汚泥と比べると、容積比で四〇〇分の一になる。

焼却の最大の利点は、容量を減らせるこの「減容化」にある。東京のように人口が集中する都市部には、汚泥をそのまま溜め込む余地がない。だから、政令指定都市や県庁所在地といった大都市において、汚泥の処分方法は、基本的に焼却一択となる。「東京都は汚泥の発生量が多いので、やっぱり焼却で減容化しないといけないんです。そのまま埋め立て地に持っていってしまったら、それこそすごい量になりますから」と池田さん。

埋め立て地は、羽田空港の沖合にある「中央防波堤外側埋立処分場」（江東区）を指す。ここに下水汚泥を含む廃棄物が埋め立てられている。都が使える埋め立て地は限られていて、ほかにはこの処分場に隣り合う「新海面処分場」しかない。

東京都環境局は〈東京港内には、この新海面処分場の次に処分場を設置できる水面はありません。つまり、新海面処分場が23区のごみの最後の埋立処分場となります。（中略）最後の埋立処分場である新海面処分場をできる限り長く使用するためには、なお一層のごみの減量・リサイクル（3R）の推進が必要です〉とウェブサイトの「限りある処分場（ごみ埋立ての歴史）」に記している。

減量の手段として、含水率七五パーセント前後の脱水ケーキを焼却する。こう言ってもピンとこないので、ウンコと比較してみる。

普通のウンコの含水率は七〇～八〇パーセント、便秘気味の硬便は六〇パーセント、軟便が八〇～九〇パーセント。つまり、焼却炉にくべられる下水汚泥は、水を絞ったとはいえ、含水率でみるとウンコに近い。当然ながら、燃やすには相当なエネルギーが必要となる。

バカにならない温室効果ガスの排出量

ところで、ここまで汚泥の処理を解説してくれた東京都下水道局の池田さんの肩書が少々変わっていることにお気づきだろうか。エネルギー・温暖化対策推進担当課長。実は下水処理の工程では、多くの温室効果ガスを排出している。
「都の事務事業による温室効果ガスの排出量のうち、下水道局が三五パーセントと最も多いんです」（池田さん）
都といえば、都営地下鉄や都営バスを運用する交通局を持つ。多数の車両を抱え、一日平均二九五万人（二〇二二年度）も輸送するだけに、温室効果ガスの排出も相当なものではないか。こう思いきや、交通局のその排出割合は一四パーセント（二〇二〇年度）で、下水道局の半分以下に過ぎない。

都は、二〇五〇年に二酸化炭素排出の実質ゼロに貢献する「ゼロエミッション東京」の実現を目指している。その前段階として、二〇三〇年までに温室効果ガスの排出量を二〇〇〇年に比べて五〇パーセント削減する「カーボンハーフ」がある。これらの目標を達成するには、最も多量の温室効果ガスを排出する下水処理をこそ、何とかしなければならない。


温室効果ガスの排出量の内訳をみると、水処理工程が五九・二パーセントを、汚泥の処理工程が三一・九パーセントを占める（二〇二一年度）。池田さんが解説する。

「ポンプ所や水再生センターで大きなポンプを使ったり、水再生センターで空気を入れて攪拌《かくはん》したりするのに電気をかなり使います。汚いものをきれいにするのは、非常にエネルギーを使うんですね」

汚泥の処理でいうと、温室効果ガスの排出量が最も多いのが、濃縮から脱水、焼却に使う電力の使用（一四・一パーセント）である。それに次いで温室効果ガスを排出するのが、処理の過程そのものだ。一酸化二窒素（N_2O）やメタン（CH_4）が汚泥の焼却の工程で生じ、一二・六パーセント（二〇二一年度）に達していて、バカにならない。

二酸化炭素と比較したとき、メタンの温室効果は二五倍ほど、一酸化二窒素に至っては約三〇〇倍とされる。下水汚泥を八五〇度という高温で燃やすのは、その排出量を減らすためだ。

都民のウンコは人知れず水再生センターに流れ着き、微生物による処理を経た後、燃やされる。都の下水道事業にはここ一、二年、七五〇〇億円台の予算が計上されている。下水道料金で賄えるのは、うち二割ほどで、国からの補助も含めた公共事業だからこそ成り立っている。

三 「金肥」だった時代

下水汚泥には肥料の三要素のうち、窒素とリン酸が豊富に含まれる。乾燥させたり発酵させたりすれば、窒素とリン酸を兼ね備えた肥料になる。

いまや金食い虫になっているウンコはかつて「金肥《きんぴ》」だった。金肥といえば、歴史の教科書では干鰯《ほしか》といった魚粕や油粕が挙がるけれども、これらが肥料として出回る量は限られている。人糞尿を熟成させた下肥は、最も入手しやすく、効果のある有機質肥料だった。

練馬大根を育てた下肥

江戸東京野菜の一つで、江戸時代前期に栽培が盛んになった練馬大根は、江戸で調達した下肥を使って育てられていた。現代において下水料金は利用者である住民が払う。ところが江戸時代は違っていて、江戸の町人は汲み取りをさせる代わりに大根といった野菜や代金をもらっていた。

農家が直接汲みに来るとは限らず、汲み取りをする「下掃除人《しも》」や、そこから下肥を買って農家に売る下肥商人など中間流通業者がいた。下肥を都市から農村に届けるサプライチェーンができあがっていたのだ。

江戸の初期には、農村部に糞尿を運ぶしくみが確立されていたとされる。都市住民の糞尿が農村部に運ばれ、農作物に生まれ変わって、また都市に戻ってくる。高度なリサイクル社会だったとされる江戸時代にあった糞尿と食べ物の循環は、近代化とともに崩れていく。

都市への人口集積と農地の減少、西欧からの下水処理技術の輸入、衛生の改善運動、肥料の原料の輸入、化学肥料の製造開始……。資源だったウンコが処理や処分の枠組みに押し込められていくその過程は、日本の近代化の歩みと時期を同じくしていた。

アンモニアを豊富に含むウンコに硫酸を注いで硫酸アンモニウム（硫安）という化学肥料にする。こんな方法も、明治以降に試みられた。けれどもあまりの臭さで頓挫し、下肥の方もにおいや扱いにくさから敬遠されていく。

有機物の浪費と肥料高騰

いまや下肥はほとんど姿を消した。下肥に限らず、家畜糞尿や落ち葉などを発酵させた堆肥をはじめとする有機質肥料は、扱いやすくて安い化学肥料に置き換えられやすい。かつて土づくりに重宝された家畜の糞尿も、行き先に事欠くようになっている。

現在、化学肥料の原料は九割以上を輸入に頼る。海外からの供給に頼りきっているところに起きたのが、二〇二一年に始まった化学肥料の高騰だ。世界的に肥料の需要が高まり、国際市況が上がったところを円安が襲った。

世界の人口は増え続け、肥料の原料は埋蔵量を減らし続ける。これまで通り肥料を輸入し続けられなくなったら、食料の生産は止まってしまう。

そんな時代に私たちは今まで通り漫然と、ウンコを燃やし続けていていいのだろうか。燃やすにしても、その灰を有効利用できないのだろうか。埼玉県八潮市の道路陥没事故に象徴されるように、高度成長期に整備が進んだ下水関連施設は今後、五〇年の耐用年数を迎えて加速度的に老朽化する。不採算の行政サービスになっている下水道事業が、再び利益を生むことはできないのか。

臭いものに蓋と見て見ぬふりを決め込むには、事態は深刻である。

「夜明け前が一番暗い」という言葉がある。シェイクスピアの悲劇『マクベス』の一節に由来する。苦難のときは苦しいが、永遠に続くことはない。辛くても、希望の光が差してくるまで、あとひと踏ん張りせよという意味で使われる。

現在はウンコにとって、夜明け前。華々しい活躍の可能性を秘めながらも雌伏のときを強いられている。

第三章　再び「金肥」になる——ウンコの山は宝の山

よりいコンポストの堆肥工場

一　発酵や乾燥で優れた肥料に

スマートフォンに通知が届く。インドのシンさんがＳＮＳでメッセージを送ってきたのだ。彼はインド北部の広大な農地で、ジャガイモやコメなどを生産している。

農業視察でフィリピンを訪れたとき出会った彼は、ロマンスグレーの髪にきっちり櫛《くし》を当て、しわ一つない仕立てのいいシャツを着こなし、農家というより豪農、地主という趣《おもむき》だった。視察の現場では、自身の経営に役立ちそうな技術について積極的に尋ねていた。情報収集に貪欲という印象を受けた。

日本の大学に留学し、柔道を学んだ親日家でもある。ただ、日本語は苦手らしく、いつも私の拙《つたな》い英語でコミュニケーションをとることになる。

「英訳してほしい」

英訳してほしいとは、日本製の自動車か農機でも買ったのだろうか。メッセージを開いて驚いた。英訳の依頼文に続けて、リンクが貼られていた。それは本章で詳述する、埼玉県が下水汚泥を肥料にしていることをウェブ媒体で紹介した、私の執筆記事だった。

意外な依頼に、驚いて聞き返す。

――興味あるの？

「この肥料に興味がある。我々も肥料の高騰と不足に直面しているから。作付けに使う種イモの栽培をしていて、大量に撒《ま》くんでね」

インドでは二〇二一年に肥料が高騰した後、下水汚泥が注目されるようになってきた。彼《か》の国でも下水汚泥は、かつての日本のように、そのまま埋め立て、処分してきた。だが、周囲に染み出し、水質汚濁の原因になっている。

その一方、インド一国で、世界で貿易されるリン酸の実に四割を買っているという。そんなに大量に買うのに、高値に苦しんでいて、しかも足りないのか――。衝撃を受けた。

リン酸が高騰するのは、需要が多く、供給が少ないからだけではない。農畜産物の生産に欠かせない物質であることを見透かされて投機の対象になっているのだ。肥料業界の関係者によると、需要の高まりを見て、あえて供給を絞り、さらなる値上げを狙う国すらあると言われている。

リン酸を含む肥料の大消費国であるインドは、貿易赤字の拡大に苦しんできた。だからこそ、第一章で触れた通り、一部肥料の国産化に舵を切った。ただし、リン鉱石を商業的に採掘できないので、リン酸肥料を国産化するのは難しい。

だが、ウンコを原料にできるとなれば、話は別だ。インドの人口は、一四億人を超えているとされ、二〇二三年に中国を抜いて世界一になったとみられている。国勢調査が二〇一一年を最後に行われておらず、正確なところは不明。いずれにしても、人という資源は有り余るほどある。

シンさんは言う。

「デリーにはまるで山のような巨大なゴミ捨て場があって、政府はそれを肥料に変えようと最善を尽くしている。でも、あまり人気がないのでうまくいっていない」

デリーにある高さ数十メートルにもなるこの「ゴミの山」は、メタンガスをもうもうと立ち上らせ、ときに火災を起こし、地下水を汚染することで知られている。

「日本政府が下水を肥料に変えている技術と、その肥料を農業に使った成果を知りたいんだ」

リン酸の取り引きは、いつ本格的な争奪戦になるか分からない。豊富な栄養源であるウンコを農業に生かす。これは日本だけでなくインド、ひいては世界中の国々にとって、リン酸肥料を安定して入手するうえで、有力な解決手段になるに違いない。

廃棄物一〇〇パーセントの肥料

現代において、ウンコを肥料にする最もオーソドックスな方法は、堆肥（コンポスト）化だ。糞尿やそれを処理する過程で出てくる汚泥を脱水し、微生物の働きによって分解し発酵させる。発酵の際に高温になることで、大腸菌やサルモネラ菌といった病原菌が死滅して、衛生的な肥料ができあがる。

下水汚泥の肥料化は、規模の小さい自治体ほど手掛ける傾向にある。自前の施設を持つところもあれば、中小規模の業者に製造を任せるところも多い。こうした堆肥の製造工場は、日本各地で稼働している。その一つが、埼玉県北西部に位置する寄居町《よりいまち》にある。

寄居駅には、ＪＲと東武《とうぶ》鉄道、秩父《ちちぶ》鉄道の三つの路線が乗り入れている。駅から車を一〇分ほど山に向かって走らせると、工業団地に出る。最も目を引くのは、自動車メーカーの本田技研工業株式会社の工場だ。広い敷地に灰色の四角い建物が並ぶさまは、どこにでもある工場地帯のそれだった。

工場を過ぎてしばらくすると、埼玉県が県内の自治体や企業などから受け入れた廃棄物を埋め立て処分する最終処分場「環境整備センター」の敷地に入る。その一角に「彩《さい》の国資源循環工場」という、同県が整備した工場群がある。一〇〇ヘクタール近い敷地に、食品リサイクルや資源回収など、リサイクル業を手掛ける八つの事業者が入居している。

その一社である、よりいコンポスト株式会社の敷地に入ると、発酵した堆肥のにおいが漂っていた。トラックがそのまま入れる大きな出入り口のある灰色の工場には、「安全第一」と書かれたプレートが掲げてあった。ここで堆肥を製造しているのだ。

事務所の建物の軒下《のきした》には、オレンジ色をした二〇キロの肥料袋が積み重ねられていた。

「年間に六〇〇〇から七〇〇〇トンくらいの有機性廃棄物を微生物による発酵処理で一〇〇パーセント肥料化し、二〇〇〇トン前後の有機質肥料を製造しています」

同社の代表取締役を務める鈴木治夫《すずきはるお》さんが、こう教えてくれる。肥料のウリは、一〇〇パーセント廃棄物由来であることだ。

関東一円から搬入される廃棄物は多種多様で、屎尿《しにょう》処理場や下水処理場、工場から出る汚泥を筆頭に、野菜のカット工場から出た野菜くず、スーパーのバックヤードで出る食品残渣《ざんさ》などを含む。中元や歳暮の時期が終わると、賞味期限の切れたハムが大量に持ち込まれることもある。

最も多いのは「屎尿汚泥」で、全体の七、八割を占めると鈴木さんは説明する。

「昔はね、そのまま工場のホッパー（漏斗《じょうご》形の貯蔵槽）に投入していたから、紙だとかいろんなものが一緒に入っていて大変でした。今は、そういうものは屎尿処理場の方で焼却処分しています」

あえて説明すれば、屎尿は、糞尿のこと。ぼっとん便所や家庭の浄化槽からバキュームカーで収集され、屎尿処理場に運ばれる。そこで下水処理場と同様に、沈砂池で重いゴミを沈めたり、スクリーンという格子状の柵で大きなゴミを除去したりする。その後、微生物による分解を経て、屎尿汚泥ができる。

「屎尿汚泥は、肥料の成分としていいんですよ。有機質肥料にするのに、食品だけを原料にすると、肥料に必要な成分が十分には高まらないんですね。その点、屎尿汚泥はもともと人間の体内から出たものなので、リンをはじめとする栄養分が多い」

「ゆるい」のが悩み

屎尿汚泥を扱ううえでは、悩みもある。含水率が八〇パーセント前後と高く、処理のスピードが上がらないこと。また搬入された廃棄物の量に対して、できる肥料の量が三分の一弱になってしまうことだ。

水気が多いほど発酵の速度は落ちる。一パーセントの違いでも、一日に処理できる量が変わる。「高含水率の、いわゆる『ゆるい』汚泥が来ると、効率が悪くて時間がかかる」のだ。

肥料を製造する側としては、できるだけ水分量を減らして搬入してほしい。処理場で性能のいい脱水機を使えば、七〇パーセントくらいまで含水率を下げることができる。ただ、持ち込む自治体の側には、そうできない事情があると鈴木さんは言う。

「やっぱり行政もお金をかけられない。すでにある設備を改修する、新しくするっていうのは、予算取りがなかなか難しいと思いますね」

含水率が高い汚泥を受け入れる場合、受け入れ時にもらう処分費を高めにしなければ、採算が合わない。けれども、行政側も予算の都合で値上げをそう簡単に受け入れられない。互いの懐事情をめぐって、せめぎ合いがある。

においを抑えるノウハウ

よりいコンポストは、受け入れた廃棄物を全量、最短でも一カ月かけて発酵させ、完熟した堆肥にする。冬は製造にかかる時間が長くなる。微生物は、気温が高い夏の方が活発に動くからだ。

「冬場は、発酵させるためになるべく長く置きたい。発酵がきちんと進んでいないと、農地に施した時に、土の中でガスを発生させて作物の生育を阻害する可能性があるんですね」

ヘルメットとマスクを着けて、鈴木さんに工場を案内してもらう。屎尿汚泥を扱うため、強烈なにおいがするのではと心配したが、杞憂《きゆう》だった。辺りに漂っていたのは、よくある完熟した堆肥と変わらない、土のようなにおい。

「他の工場を訪れたことがあるけど、うちはにおいが抑えられている方です」

屎尿や下水の汚泥は、弱アルカリ性である。ウンコとして体外に排出された段階では、中性から弱アルカリ性だが、徐々にアルカリ性が強まっていく。それによって、発酵の過程でアンモニアガスを発生させ、強い刺激臭を放ちやすい。そのため、これらの原料を扱う肥料工場は、周囲から悪臭の苦情を受けやすい。

「うちがにおいを抑えられているのは、屎尿や下水汚泥といった原料ばかりを入れてしまうと、においが強くなるので、調節しながらやっているから。野菜くずとか他の廃棄物も入れることで、中性の状態で発酵させている。逆に言えば、それだけ発酵の速度が落ちるので、処理できる量は減ります」（鈴木さん）

廃棄物の処理業者という立場からすると、製品の質よりも、処理できる量の多さを優先してしまいそうだ。その点、同社はあくまで質重視である。なぜか。肥料として使ってほしいからだ。研究熱心が高じて、会社の近くに農地を借り、ジャガイモやニンニク、ネギなど、さまざまな作物を栽培し、肥料の研究、改良に生かしている。

肥料価格高騰で注文が殺到

できた堆肥は、「レッツゴーゆうき」という名前で、販売する。価格は二〇キロ袋一袋で数百円。必要量が多い場合は六〇〇キロのフレコンバッグでも売る。顧客は、農業法人や個人の農家、家庭菜園を楽しむ人などである。同社は、二〇〇二年に創業して肥料を作り始め、二〇〇五年に「レッツゴーゆうき」を汚泥発酵肥料として登録した。

今は製造する全量を売り切っているが、最初から順調だったわけではないと鈴木さんは振り返る。

「最初のころは、非常に苦戦してましたよ。いかに農家に使ってもらうかが、まず第一の関門でした。保守的な人も多く、これまで自分が学んでやってきた農業の形をなかなか変えようとはしなかったですからね」

認知度を高めるうえで役に立ったのは、口コミだ。農家同士で「あそこの肥料がいい」と紹介され、購入者を徐々に増やしてきた。

同社まで肥料を直接買いにくれば、ホームセンターで売られている一般的な肥料の半値で手に入れることができる。安さの理由は、廃棄物を受け入れる段階で、自治体や企業などから処分費を受け取っているからだ。

「廃棄物処理をすることが、我々の基幹となる仕事なんですよ。だから、肥料はそんなべらぼうに高く売れなくてもいいんです」

「レッツゴーゆうき」は、コメや野菜など幅広い作物に施されている。レンコンといった肥料を多く必要とする「肥料食い」の作物でも重宝されている。

「ここに来て、化学肥料も価格がバババッと上がっていくし、有機肥料も全体的に上がっている。だから、ある程度安く供給できる肥料に対して、農家が興味を持つようになってきていますね。肥料の価格高騰後に注文が殺到して、しっちゃかめっちゃかになったこともある」

鈴木さんはこう言って苦笑する。

ゴルフ場でも人気

農業以外にも大口の需要がある。それが、ゴルフ場。

「一平方メートル当たり、だいたい五〇グラムくらい撒くんです。広大な土地ですから、肥料代は安くありません」(鈴木さん)

日本の平均的なゴルフ場の広さは、一〇〇ヘクタール。これだと、年に数百万円の肥料代がかかる計算になる。

値ごろな肥料として、「レッツゴーゆうき」は、関東甲信のゴルフ場で使われている。群馬や山梨、長野といった降雪の多い地域では、単なる肥料ではなく、融雪剤の役割も果たす。黒褐色なので雪上に撒けば、太陽光を吸収して雪解けを促す。その後、肥料にもなって、一石二鳥の資材なのだ。

「撒くと、春先に非常に青い、いい芝になっていると評判です」

下水汚泥の用途で最も多いのがセメントやレンガなどの建設資材である。鈴木さんは「建設資材への利用については、これだっていう決め手になるものが、なかなかないですよね」と話す。

下水汚泥を原料に含む「再生材」は、新品の素材のみ使う「バージン材」にどうしても敵わない。強度が弱かったり、劣化が起きやすく耐用年数が短かったりする。だから、混ぜ込める量は限られてくる。建設現場では、安さやリサイクル推進の観点から仕方なく使う感が強い。下水処理場の敷地内で多量に使うということも、ままある。

その点、肥料化であれば、汚泥を大量に使うことができる。

「出たものをすべて建設資材にできるかというと、難しい。でも、肥料化であれば、すべて農地に還元することができます」

二〇年かけて廃棄物由来の肥料を普及させてきた立場から、鈴木さんは下水や屎尿の汚泥について、肥料化こそが最良のリサイクル方法だと確信している。

三〇年進まなかった肥料利用

下水汚泥の農業での利用について、三〇年以上研究してきた人がいる。東京農業大学名誉教授の後藤《ごとう》逸男《いつお》さんだ。

取材に応じてくれた研究室の白い棚には、下水汚泥を原料にした肥料のサンプル入りの瓶が並べられている。脱水汚泥を単に乾燥させたもの、発酵させた堆肥、燃やした灰を粒状の肥料に成形したもの……。こうした肥料が化学肥料と遜色なく効くことを、後藤さんは研究で明らかにしてきた。

にもかかわらず、下水汚泥の肥料利用は、遅々として進んでこなかった。後藤さんは「もう二〇年近く前から言ってるんだけど、なかなか実現しない」と不満顔だ。

「東京都も昔は堆肥にしてたんだけど、農地が減って使う人がいなくなっちゃったんで、やむなく燃やす方向に切り替えたんです。かつては、ほとんどの自治体で堆肥化を実施していたけれど、製造するプラントが老朽化しちゃって、やめたところが結構ある」

後述する埼玉県がそうだし、神奈川県もそうだ。下水汚泥を肥料にするのをやめて、焼却に切り替えて久しい。

下水汚泥を肥料として優先的に使う国の方針について、後藤さんは歓迎しつつも、遅きに失した感があると指摘する。

「国交省の下水道部長が、肥料利用を最優先しなさいっていう号令を発したでしょ。だけど、やろうと思っても、プラントが老朽化してるから設備を更新しなきゃいけない。設備更新はすごく費用がかかるんで、なかなか難しい」

前途は多難である。

政令指定都市の中では珍しく肥料にしていた札幌市も、まさにこの理由から、二〇一三年に堆肥製造をやめてしまった。下水汚泥を発酵させて作った堆肥を一九八四年から「札幌コンポスト」として農家やゴルフ場に販売していた。ところが工場が老朽化し、改修に約九〇億円かかるとの試算が出て、継続を断念してしまう。バブル崩壊で周辺のゴルフ場が倒産し、肥料の需要が減ったことも影響した。

そんな同市は、国の動きを受けて、再び肥料を製造できないか検討している。よりいコンポストのような民間の事業者に生産を委託することになるかもしれない。

よりいコンポストも、埼玉県から堆肥の生産を委託できないかと相談を受けている。自治体が肥料の生産に乗り出すのと並行して、民間へのアウトソーシングも進みそうだ。

効きの悪さと重金属の含有が大幅に改善

プラントの老朽化の問題が深刻になる一方、時間が解決した課題もある。一つは下水汚泥を使った肥料のリン酸の効きが良くなってきたこと。もう一つは、肥料に含まれる重金属が減っていること。

肥料の効きには、下水処理で使う薬剤の変化が関係しているとみられる。「凝集剤」といって、汚泥を沈殿させる働きを持つ薬剤で代表的なのが、「ポリ塩化アルミニウム（PAC）」だ。

「今から三〇年くらい前に下水汚泥を使った肥料での栽培試験をした当時は、下水汚泥に含まれるリン酸は効かなかった。PACのようなアルミニウムを含んだ凝集剤をたくさん入れていたので、アルミニウムとリン酸が結びついてしまっていた」（後藤さん）

その結果、作物に吸収されにくくなり、PACを使って処理した下水汚泥は、リン酸肥料としての用を成しにくかった。しかし、最近ではPACに代わってポリ鉄（ポリ硫酸第二鉄）という鉄剤や高分子凝集剤を添加する浄化センターが増えてきて、汚泥肥料の特性が変化してきた。最近、後藤さんが行った研究では、四種類の汚泥肥料で化学肥料並みにリン酸が効くことが確認されたという。

もう一つの重金属について、後藤さんはこう話す。

「下水汚泥っていうと、固定観念として、重金属にすぐ結びついちゃうんですね。でも現実は、研究を始めた三〇年前と違って、重金属の含有率がすごく低下している」

下水には工場排水も流入することがあり、以前は重金属の含有率が高かった。現在では排出源であるメッキ工場などの段階で、重金属が取り除かれるようになってきている。国がこうした取組みをする事業者に対して、税務上の優遇制度を設けたことが功を奏したとされる。国交省が二〇二三年に実施した分析調査によると、調査を行った全国の下水処理場の九五パーセントで重金属の含有量が国の定める安全基準値を下回っていた。

肥料業界が変化に尻込み

下水汚泥の肥料化は、後藤さんをはじめとする研究者や自治体、民間の事業者らによって研究されてきた。技術的には可能なのに、現実の製造量はごく限られている。後藤さんは「肥料業界は、下水汚泥とか家畜糞尿を原料として導入することを嫌ってたんですよ」と振り返る。

「原料を輸入して、国内の肥料工場で加工してというシステムができてたわけじゃないですか。最近では、海外で作った肥料そのものを輸入しているわけで、新たに国内の産業廃棄物とも言われてきた原料を使うとなると、そのシステムが乱れちゃうでしょ」

業界として変化に尻込みしてきたわけだ。さらに、ウンコに由来する資源ならではの、においの問題もあった。

「肥料メーカーっていうのは、特にこういう臭くなりやすいものは、導入にあまり積極的じゃなかったんですよ」

「3K（きつい、汚い、危険）」と揶揄《やゆ》されることもある労働環境を改善しなければならない。そんな流れのなか、においを生じやすい原料は、敬遠されやすかった。

「汚泥を肥料にしていこうという気運が高まったのは、ここ数年のこと。岸田前首相が鶴の一声を発してからですよ」（後藤さん）

二　鶴の一声が生んだ新たな肥料

鶴の一声は、ウンコを取り巻く環境を一変させた。もともと下水道を所管する国交省は、肥料化に積極的だった。農水省が肥料化に乗り気でなかった分、国交省が孤軍奮闘している感があった。ただ、農業に詳しくないため、頑張る割にあまり現場に普及しないという悲しい状況にあったのだ。

そんなところに首相の指示が下った。さすがの農水省も、重い腰を上げて肥料としての利用を後押しすることになる。汚泥を原料とする肥料を流通しやすくするため、二〇二三年一〇月、新しい肥料の規格「菌体りん酸肥料」を作ったのだ。

下水汚泥を原料とする既存の規格「汚泥肥料」では、他の肥料と混合して販売することができなかった。さらに「汚泥」の字面《じづら》が悪く、敬遠されやすいという悩みもあった。

新たにできた菌体りん酸肥料はこれまでの課題を解消しうると期待されている。成分の含有量が保証されていて、肥料の原料として混合できるし、これを原料に肥料を作る場合、汚泥の表記が消えることになる。

埼玉発サーキュラーエコノミーの切り札

行政としては初めて、この規格の肥料を登録したのが埼玉県だ。九つの下水処理場を持つ埼玉県では、合わせて年間約五〇万トンの下水汚泥が発生する。

同県はその九〇パーセントを焼却して灰にしたうえで、セメントや軽量骨材の原料にしてきた。軽量骨材とは、コンクリートやモルタルを作るために、セメントや水と混ぜる、砂や砕石といった材料である。残り一〇パーセントは固形燃料にしている。肥料としての利用は、ゼロだったのだ。それが、政府の後押しで下水汚泥を肥料にする気運が高まり、同県も検討を始めた。

小規模で焼却炉を持たない処理場では、水分を絞った脱水汚泥を堆肥にすることも検討している。先述したよりいコンポストを、連携先の一つとして想定しているという。

埼玉県下水道局下水道事業課管理運営担当の井村俊彦《いむらとしひこ》さんはこう説明する。

「県の北部になると、人口密度が低くなってきて、一日当たりに処理する下水の量が少ない分、下水汚泥の発生量も少なくなります。下水汚泥は基本的に焼却していますが、焼却炉をそれぞれの処理場に持たせると、コストが高くなってしまうので、脱水した汚泥をトラックに積んで、焼却炉のある処理場まで運んで燃やしています。運搬コストも発生しているので、それを軽減するためには各処理場で行えるコンポスト（堆肥）化が一つの選択肢ではないでしょうか」

ただし堆肥は、かさがあまり減らない。焼却炉を持つ大規模な下水処理場には、膨大な汚泥を貯蔵して堆肥にするだけの空間もない。容積を小さくする「減容化」においては、焼却が最も優れている。焼却灰にすれば、一日でわずか二パーセントに減容できるが、堆肥だと製造に一カ月以上かかって二〇パーセントまでしか減らない。

そこで、焼却灰をそのまま肥料にすることにした。「荒川クマムシくん1号」と名づけ、リン酸が二四・三パーセントと高濃度で含まれることから、菌体りん酸肥料に登録した。

埼玉県は、「サーキュラーエコノミー（循環経済）」に力を入れている。これは、資源の

上部公園から見渡した荒川水循環センター

効率的、循環的な利用を図る経済活動を指す。大量生産、大量消費、大量廃棄を前提とした高度経済成長以降の社会のあり方を反省し、資源の消費を減らしつつ、廃棄物の発生を最小に抑えることを目指している。

大《おお》野《の》元《もと》裕《ひろ》埼玉県知事は、肥料の製造について「サーキュラーエコノミーの中の大きな一つの柱になってくれればと期待している」と二〇二四年四月の記者会見で表明した。

「国内最大級」下水処理場での肥料製造

菌体りん酸肥料を製造しているのは、同県戸田市にある荒川水循環センターだ。戸建てやアパートなどがひしめく住宅地を抜けた先に、三〇ヘクタールの広大な敷地が広がる（**前頁の写真**）。処理施設の一部を覆う形で三・二ヘクタール分の緑地を整備し、「荒川水循環センター上部公園」として、住民に開放している。

東京湾に注ぐ荒川の左岸に位置するこのセンターは、一九六七年に事業に着手し、一九七二年に稼働を始めた。さいたま、川口、上尾《あげお》、蕨《わらび》、戸田の五市から約二〇〇万人分の下水を受け入れる。

一日に処理する下水の量は、日本最大の東京都森ヶ崎水再生センターに継ぐ二位。晴天だと、一日に約六二万立方メートル、小学校の二五メートルプールに換算して約一九〇〇杯分を処理する。一二時間かけて下水を処理し、処理水として放出する。二四時間三六五日休みなく稼働しており、約一八〇人が勤務する。

国内最大級の規模を誇る理由を、下水道事業課長の水橋正典《みずはしまさのり》さんが説明してくれた。

「下水は基本的に自然の勾配も利用しながら下流へと流れていって、最終的に処理場に流れ着きます。山などの地形上の起伏があると、下水がそれを越えられないので、地形的に平坦であればあるほど、より広いエリアをカバーできます。その点、埼玉県は南東部を中心に平野が広がっているので、広い範囲から下水を集めやすいです。スケールメリットを働かせて、下水処理を安く効率的にしようと、目指してきたところがあります」

菌体りん酸肥料を作る焼却炉

灰がそのまま肥料になるワケ

荒川水循環センターの最奥部、一番荒川寄りに焼却炉が並ぶ（写真）。銀色の金属製の炉の周りに足場が組んであるシンプルな構造で、いかにも工場という感じがする。県内の他の下水処理場は「工場の雰囲気があるからか、『仮面ライダー』や『スーパー戦隊』シリーズのような特撮の撮影でよく使われています」と井村さん。

埼玉県下水道公社荒川左岸南部支社の矢《や》作英智《はぎえいち》さんが、焼却炉を案内してくれた。

「焼却炉の中では八五〇度以上の高温で汚泥を焼いています」

環境汚染物質のダイオキシン類は、六〇〇度以下の温度で燃焼すると発生しやすい。

加えて、汚泥を燃焼させると窒素と酸素が結びついて、一酸化二窒素（N_2O）が生じる。これは、二酸化炭素の約三〇〇倍の温室効果をもつとされる。発生を防ぐには八〇〇度以上の高温で焼く必要がある。

汚泥を焼却すると、灰ができる。これがそのまま、菌体りん酸肥料になる。ただし非常に細かい粒子で、このままだと飛散しやすく扱いづらいので、ひと手間かける。

青磁色の箱型の機械を前に、矢作さんが「これが加湿機ですね」と言う。

「水を加えて混ぜ合わせて、水分が三〇パーセント程度含まれるようにしています」

取材で訪れた日、焼却灰はやや赤みがかった灰色をしていた。

「灰の色は汚泥の成分によって結構変わってきます。一番影響があるのが、雨が降ったときで、鉄が入って赤みがかったような色になります。今の色は、冬場に比べたら、ずいぶん赤い色に感じますね」（矢作さん）

なお、ここまでの工程は、灰をセメントの原料にする場合とほぼ同じ。違いは、セメント用には石灰を混ぜるというだけだ。低コストで肥料を作れることが、埼玉県のこの取り組みの特徴となっている。

「できるだけコストをかけないで肥料にするとなると、普通の下水処理の過程で出るもの

を極力そのまま使う、というのが理想的だと思っているんです」（水橋さん）

こうしてできた「荒川クマムシくん1号」は、重金属の数値が法律で定める基準値を超えないことを確認したうえで、トラックの荷台に積まれ、出荷される。

保証成分量は、リン酸全量で一六パーセント。リン酸全量は、肥料にリン酸が重量比で何パーセント含まれるかを表す。窒素とカリは少ないので、他の肥料原料と混ぜることを前提にしている。下水汚泥自体には窒素が豊富に含まれるが、焼却時に酸素と結びついて気体になり、失われてしまう。

この肥料の中に含まれるリン酸の割合は、保証成分量より高く、二四・三パーセントである。ただし、肥料は単にリン酸を含めばいいわけではない。作物の根から徐々に吸収される「ク溶性リン酸」がいくら含まれるかが重要視される。その含有率は、一二・七パーセントにとどまる。

埼玉県は今後、この濃度を高めたいと、ク溶性を下げる要因は何なのか、調査しているところだ。水処理の過程で、汚泥を分離するために使う凝集剤が影響している可能性があると井村さんは話す。

「凝集剤は、アルミが入っているものや、鉄が入っているものを使っているんです。こうした鉄やアルミがク溶性を下げる要因になっているんではないか。なるべく使わない形にできれば、ク溶性も上がってくるんではないかと考えています」

肥料化を検討したとき、選択肢の一つだったのが「リン回収」だ。神戸市や横浜市、東京都などが実施している。薬品を使ってリンに狙いを定めて抽出する方法で、汚泥や処理水から高濃度のリンを取り出せる。肥料として利用するのに有望な技術とされている。

「リン回収は、薬品を使ったり大掛かりな装置が必要だったりするうえ、回収後には産廃処理が必要な汚泥が残ります。そのため、どうしてもコストが高くなり、導入しづらいのです。埼玉県としては、リン回収はなかなか手が出ないですね」

その点、焼却灰の肥料化は追加の施設が必要なく、安価に製造できると井村さん。

「これまでは灰を処分費を払って産業廃棄物として処分していました。肥料として販売できるようになる時点で、これまで払っていた処分費が節約できるので、それだけでもメリットになります。販売価格を上げる必要はないので、肥料メーカーに安価に提供できるんじゃないでしょうか」

菌体りん酸肥料は、埼玉県では現状、年間三〇〇トン程度しか確保できない。安全性を担保するため、重金属が法定の基準値を超えていないことを全ロットで調査する。その間、一時的に保管しておける量がこの程度にとどまってしまうという。

荒川水循環センターの敷地は広大だが、「これでも、もう空きスペースがほとんどなくて、手狭なんですよね」と水橋さん。

「もうちょっとスペースがあったら、できた灰を一時的に保管する場所を作って、肥料として出荷できる灰の生産量を増やせるとは思うんですけど。現状はそこまでのスペースが確保できていません」

イメージ払拭なるか

下水汚泥由来の肥料を広めていくとき、最大のネックが、使用者が不安を感じやすいということだ。かつて問題になった重金属に関しては、今は排水が分けられたり、工場側で浄化処理をしたりするので、含有率が下がっている。それでも、かつてのイメージに引きずられ、忌避感を示す人はいる。

「使う側からすると、やっぱり一番気になるのが有害成分でしょう。私たちは肥料の規格に従ってしっかりと管理をして、基準に適合したもののみを出荷することに努めていきます。これから栽培試験もして、問題などがないか確認をしたうえで、製品として使ってい

ただけるように取り組んでいきたい」（水橋さん）

肥料メーカーと組んで、窒素やカリなど他の養分を補った肥料を開発中で、二〇二五年の商品化を目指す。できた肥料が県内で使われることを想定している。

「下水から生まれた資源が、県内の農家のもとに肥料としてまた戻ってきて、作物になる。それを県民が食べて、また下水に戻ってくるっていう形になると、くるっと一周できるので、そういう資源循環も目指していきたい」（井村さん）

混合できない汚泥肥料の欠点を克服

埼玉県と連携して肥料を製造しようとしているのが、肥料メーカーの朝日アグリア株式会社（東京都豊島区）だ。同社開発部長の小林《こばやし》 新《あらた》さんは、菌体りん酸肥料という新たな規格の誕生に期待を寄せている。

「肥料から『汚泥』という冠《かんむり》が外れることによって、販売面で有利に働くという思いがあります。菌体りん酸肥料ができるまで、汚泥を使った肥料は成分の量が保証されておらず、我々のようなメーカーが積極的に原料として使うことはできませんでした。菌体りん酸肥料は有効成分が保証できることにより、肥料の原料として使用する機会の増加につながります」

加えて、汚泥肥料は他の肥料と混合して販売することはできず、メーカーにとって使い勝手が悪い。そのこともあって、下水汚泥を原料とする肥料や堆肥の多くは、製造する行政や業者によって住民や農家に無償で配られるか、ごくごく安い価格で販売されている。商品というよりは、下水処理事業で出た、放っておけば産業廃棄物になる副産物を、住民に使ってもらっているという扱いだ。

基本的に既存の肥料の流通ルートには乗らないため、さばける量に限界がある。下水処理をする行政側も、農家が使ってくれるか分からないという理由で製造に尻込みしがちだった。

東京、埼玉の下水道資源に注目

肥料の原料として活用が見込まれるのが、埼玉県が登録した菌体りん酸肥料「荒川クマムシくん1号」だ。焼却灰をそのまま肥料にするという選択は、メーカーからみても妥当なものだと小林さんは指摘する。

「現状の下水汚泥資源の肥料化ではコンポスト（堆肥）としての流通が一般的ですが、これは物流面を含めて地域内での循環が基本となります。その点、下水汚泥の燃焼灰は水分が低位なので、広域での調達や原料化がしやすく、大手の肥料メーカーでも使いやすい」

焼却灰ではなく堆肥にする場合、処分費がかかる分だけ高く売れるかというと、そうではないという。うっかりすると、下水汚泥の肥料化のために下水道料金が値上げされかねない。

「そうなっては、関係者皆がハッピーではない。そういう面で、焼却灰をそのまま肥料に使うということは、目の付けどころとして非常にいいです。むしろ、それしかないとも思いますし」

埼玉県では年間約一万トンの焼却灰が発生している。「ボリュームがあるため、調達面での不安はなく、製品需要が喚起できれば、原料としての利用拡大の余地があります」と小林さんは語る。

下水汚泥などからリンを回収する「リン回収」では、一処理場から回収できるリンの量が決して多くはない。しかし、東京都となると話が変わってくる。

「下水処理の規模が違いますからね。東京都だけで全国の一割に当たる下水汚泥が出てくるわけですから」（小林さん）

砂町水再生センター敷地内にあるリン回収槽

都は江東区の下水処理施設「砂町《すなまち》水再生センター」内の汚泥処理施設に専用のプラントを設け、二〇二四年一月からリン回収の実証事業を始めた（写真）。年間七〇トンほどリンの回収を見込む。

朝日アグリアは、都とJAグループのJA全農と連携しながら、回収されたリンを肥料の原料にすることを検討している。

長期的に原料の国際相場は右肩上がり

肥料業界に長く身を置く立場から、小林さんはこう話す。

「世界で人口が増え続けるわけですから、肥料の価格はアップダウンを繰り返しながら、長い目で見ると右肩上がりで推移する。

そういうなか、肥料の原料になり得るのにうまく活用されていなかったり、産業廃棄物として処分されていたりと、農業で有効活用されていない資源が国内にたくさんあるわけです」

肥料の原料を選ぶとき、重要なのは安価で大量に入手できること。「肥料という原価率が高い産業においては、原材料は比較的安価で値動きが少ないものを選んでいくことになる」からだ。

これまで海外から安い原料を輸入してきたのだが、「世界の人口が増えて肥料の取り合いになったときに、日本がお金を出しても、肥料を買えるか買えないか分からないような時代が来ることもあり得る」と小林さんは懸念する。

リン酸についてみると、安価な原料ほど入手しにくくなっている。輸出国は、リン鉱石のままではなく、「リン安（リン酸アンモニウム）」や「過リン酸石灰（過石）」などのリン酸を含む肥料やその原料に加工し、付加価値を乗せて輸出するようになっている。

「はじめに」でも述べたように、世界有数のリン鉱石の採掘国である中国は、これらのリン酸肥料の原料を盛んに製造し、日本に輸出してきた。ところが、中国国内で環境問題への対策を進めた結果、これまで過石を製造してきたような中小の肥料メーカーの淘汰《とうた》が進んだ。中国はリン酸の含有量が多い「リン酸一安（MAP、リン酸マグネシウムアンモニウム）」

や「リン酸二安（DAP、リン酸二アンモニウム）」の製造を増やしており、さらに内需を重視して輸出に制限をかけている。

「埼玉県の『荒川クマムシくん1号』は、リン酸全量で一六パーセントを保証しているので、単純に言えば過リン酸石灰に似ているんですよ。世界でリン酸肥料の原料の調達が不安定化することに備えて、今から下水汚泥資源の肥料原料化に取り組む必要がある。このことが、埼玉県との取り組みのスタート地点だったんです」

過石のリン酸全量は一七パーセント程度なので、「荒川クマムシくん1号」と置き換え得ると小林さんはみている。

期待集める国内の未利用資源

朝日アグリアの強みは、高い粒状加工技術、つまり「丸める技術」にある。これを生かし、国内の未利用資源を肥料の原料として活用してきた。

家畜糞や汚泥は、いずれも畜産や食品加工、下水処理などに伴って生じる副産物で、安価に入手できる。円安の傾向が続き、原料の国際価格が上がるなか、国内の資源を使えば、肥料の低コスト化や安定調達にも結びつく。

「現在は、そういった資源を使うことで、肥料価格の低減につなげられればと思っています。もっと長い目で見ると、肥料の国際価格が今後、より高騰する可能性もあります。そういうときに、価格の変動が少なくて安定供給できる国産の資源を積極活用することによって、肥料を安定供給できる可能性は十分あるんではないでしょうか」

価格面だけで決めるなら、円安や国際相場の状況が落ち着けば、輸入原料だけを使う方がいいという判断もあり得る。だが、安定調達を考えると、国内で一定量の供給が見込める肥料資源を併用する方が望ましいのではないか——との指摘だ。

朝日アグリアは、国が方針を出すよりも前から国産資源の活用を掲げてきた。

「中長期的な視点を持って、この取り組みを今後も強力に進めていければ」と小林さんは考えている。

ウンコ由来の肥料を海外輸出

日本は肥料の原料を輸入に頼っている。一方で、実はウンコに由来する肥料が国内のメーカーによって輸出されている。

広島県西部に位置する廿日市《はつかいち》市にある広島堆肥プラント株式会社は、中国やベトナムにこうした肥料を輸出してきた。一九九四年創業で、山口県との県境の山間部に位置する。下水汚泥や食品残渣などを広島と山口の両県の行政や企業から受け入れ、堆肥にして販売してきた。周辺地域は農家が高齢化していて、肥料の需要が減っている。

「国内での販路開拓は、課題です。数年前に製造した堆肥が売り切れない状況になり、ベトナムへの販路を開拓しました」

同社の大橋洋稔《おおはしひろとし》さんがこう説明する。輸出した堆肥は、マンゴーのような付加価値の高い果物に施される。

同社は、産廃の処理業者であり、廃棄物を受け入れる際に処分費を受け取っている。そのため、産廃を適正に処理して出すことに事業の重点を置く。船運賃もかかる輸出は、割がいいとは言えない。けれども、作った肥料を出荷することが最優先で、利益はその次という実情がある。

国内で販路を確保しにくい理由として、汚泥のイメージの悪さもある。同社は製造した堆肥を肥料として登録している。重金属といった有害物質の数値は、当然ながら法律の定める基準値を下回っている。しかし安全性に問題がないにもかかわらず、避けられがちという悩みがある。

「化学肥料の輸入量を減らして、下水汚泥などの国内資源からとれたリンを国内の農家に使ってもらうという循環を目標に掲げてやってきました。製造する肥料は粉末状で、機械で撒きにくいので、今後は国の補助金も活用しながら、ペレット状にする機械を導入したいと考えています」（大橋さん）

大橋さんと出会ったのは、二〇二四年の七月末、東京ビッグサイトで開催された、下水道関連ビジネスの国内最大の展示会「下水道展」でのことだ。下水道と肥料利用、あるいは太陽光発電の掛け合わせに特化した、マッチングと情報交換のための特設コーナーがあった。そこに同社が出展していた。

大橋さんになかなか声をかけられないほど、商談客がひっきりなしに訪れていた。下水道関連の企業で、堆肥にする原料や輸出の条件などを詳しく聞いているところもあった。下水汚泥を肥料にしたいが、作っても国内で売り切れないかもしれない——。そんな期待と不安が、やり取りから見てとれた。

三　「Bダッシュ」で下水道に爆速の進化

下水汚泥の各種加工品。左からMAP、炭化汚泥、燃焼灰、乾燥汚泥

四日間にわたって開かれた下水道展には、四万九〇〇〇人が来場した。会場には、青や水色を使った近未来をイメージさせるブースが並ぶ。

　月島ＪＦＥアクアソリューション、メタウォーター、水ｉｎｇ……。いかにも大手という巨大で凝った作りのブースを出している企業名に、全然ピンとこない。水ｉｎｇは、読み方すら分からなかった。荏原《えばら》製作所と三菱商事、日揮《にっき》ホールディングスを株主とする同社は、上下水道の分野で押しも押されもせぬ大手である。「スイング」と読む。

　緊張しながら歩いていると、会場のあちこちで見慣れた存在に出会って、ホッとした。肥料の入った小瓶である（写真）。

大手企業のブースを訪れると、大概端の方に台が据えられ、瓶が置かれていた。後ろの壁にパネルや電光掲示板が据え付けてあって、肥料についての説明が書かれている。

国交省の目玉事業は「Aジャンプ」「Bダッシュ」

大手が肥料化に取り組む理由は、岸田前首相の鶴の一声と、国の事業にある。その名も「B-DASH（ビーダッシュ）プロジェクト」だ。

正式名称は、「下水道革新的技術実証事業」。新技術の研究開発と実用化を加速する事業だ。その英語表記"Breakthrough by Dynamic Approach in Sewage High Technology Project"から頭文字を取ってB-DASHにしたというのが、所管する国交省の公式見解だ。

「Bダッシュ」といえば、任天堂のファミコンゲームを思い浮かべる人もいるだろう。

「ネーミングを考えた当時の担当者は、コントローラーに付いている『Bボタン』を押して、マリオの移動速度を上げるように、この事業を通じて下水道分野の技術開発が加速するよう思いを込めたのでは」と、国交省上下水道企画課企画専門官の末《すえ》久《ひさ》正《まさ》樹《き》さんは話す。

なにせ、このプロジェクトの前身になったのは、「A-JUMP（エージャンプ）プロジェクト」。「Aジャンプ」は、「Aボタン」を押してマリオをジャンプさせることをいう。やはり「水道革新的技術実証事業」という長い名称の頭文字〝Aquatic Judicious & Ultimate Model Projects〟から取ったことになっている。

『スーパーマリオブラザーズ』という世界的に有名なゲームにあやかって、下水道に爆速の進化をもたらす。Bダッシュプロジェクトには、そんな願いが込められているようだ。

家畜糞から人糞に技術転用

その事業内容をみると、二〇二二年度の補正事業以降、リン回収やコンポスト化など、見事なまでに肥料関連が並ぶ。

国交省の研究機関で、Bダッシュプロジェクトを担《にな》うのが国土技術政策総合研究所（国総研）だ。個別の研究を、民間企業や自治体などの実施主体に委託する立場にある。上下水道研究部下水処理研究室長の重村浩之《しげむらひろゆき》さんは、次のように解説する。

「ここ数年はわりと下水汚泥を肥料にする実証事業の採択が続いています。国において、輸入する化学肥料の原料に頼らず、下水汚泥や家畜糞尿、生ごみといった国産のバイオマス資源からどんどん肥料を作るという方針を出したので」

ウンコを肥料にする点では、人よりも家畜の方が進んでいる。そのため、家畜糞の技術を人糞に応用する試みもある。

二〇二三年度のプロジェクトとして採択された、島根県宍道湖《しんじこ》西部浄化センターで行われる実証事業がそうだ。堆肥を作る発酵槽というと、通常は横長のものが多い。そうした発酵槽よりも効率的に発酵が進むとして、家畜糞の処理に関して導入が進んできたのが、縦型の密閉された発酵槽である。これを下水汚泥に使い、発酵を行う。下水処理研究室研究官の平西恭子《ひらにしきょうこ》さんがこう解説する。

「断熱性が高い発酵槽で、効率よく発酵が進み、乾燥用に外部から熱を加えなくてもいい形になっています。肥料化にはよく臭気の問題が伴いますが、これは密閉されているので、臭気の対策が簡単にできます」

下水汚泥だけだと発酵が進みにくいため、発酵を促進させるために別の原料も入れる。その一つに発酵させた鶏糞を想定している。重村さんが言う。

「より高速で発酵させるために、副原料として他のバイオマスを入れています」

人とニワトリのそれが、仲良く一緒に発酵するわけだ。

この事業も含め、Bダッシュプロジェクトには、最終的にできた製品を肥料と燃料の両方に使えるようにするものがある。含水率が低く、カロリーが高ければ、どちらの用途にも使える。両刀使いを目指すことで、農業で使い切れない場合にも、他の用途として有効利用が可能となる。重村さんはこう期待している。

「昔から特に小さい処理場を持つ自治体を中心に、肥料化して近所の農家や住民に配布するといったことは多かったんですね。とはいえ下水汚泥の量でいうと、やっぱり大都市に集中しているので、大都市が取り組むほど、肥料利用の割合が高まります。東京都や神戸市といった大都市も、このプロジェクトにおいて、それぞれ肥料化の実証研究を行っているので、より肥料利用の割合が高まっていくかなと」

肥料利用が進むヨーロッパ

下水汚泥の肥料化で日本より先を行くのが欧米だ。下水道は、先進国から先に整備されていく。ただし、下水道が整備されているからといって、肥料としての利用が進むとは限らない。国交省上下水道企画課資源利用係長の吉松竜宏《よしまつたつひろ》さんは、次のように話す。

「ヨーロッパにしても、肥料としての利用の状況は国によってまちまちで、ほとんど有効利用せずに廃棄物として焼却や埋め立て処分することが多い国もあります。先進的な例としては、フランスが八割以上を農地に施していて、コンポストが大半というふうに聞いています」

フランスでは畑だけでなく、牧草地に肥料として施すことが多い。下水汚泥の農業利用が八割超という数字は、それが一四パーセントにとどまる日本の対極にある。

かたやドイツは、大規模な下水処理場にリン回収を将来的に義務付ける政令を、二〇一七年に施行した。その通称は「汚泥令」。従来は、貴重な資源であるリンを回収しないいま、焼却処分することが多かった。それを反省し、リサイクルしようとしている。スイスにも同様のしくみがある。ドイツがリン回収を進める裏には、工業大国で、下水に重金属が含まれる可能性があることが影響しているようだ。

「工場排水の割合が大きいドイツでは、農業利用するよりも、汚泥を焼却した灰からリンを抽出して工業利用する方向のようです。国の実情によって、利用に対する考え方は違ってくるものだと思います」(吉松さん)

日本も工業国ではあるが、下水の水質は全国におよそ二二〇〇ある処理場ごとに異なる。

自治体の下水処理場の設計や建設、技術支援などを請け負うのが、地方共同法人・日本下水道事業団（JS）だ。ソリューション企画課長の松井宏樹《まついひろき》さんに下水の水質について尋ねてみた。

現在の下水汚泥を使った肥料の源流にあるのは、下肥である。江戸時代には、富裕層が住む地域のそれが貴ばれた。「昔は裕福な地域の下肥の方が、農作物の成長が良いなどという話があったといいますが……」と水を向けたところ、「今はもう、あまりそういう話はないのでは」とのことだった。

下水道には生活の雑排水に加え、場合によっては雨水、さらには工場排水も流入する。その性質は地域によって異なるものの、ある程度の広域から集める分、均質化される。

「処理場が受け持つエリアにほぼ一般家庭しかないのか、工場からも受け入れているのか、食品加工工場が含まれるのかといった違いによる地域差は、確かにあるかもしれないですね」

下水処理場と一口に言っても、処理方法はいくつもある。放流先の河川の水質規制値によっては窒素やリンを取り除き、よりきれいな水にする「高度処理」を施さなければならない。また同じ処理場でも、季節による違いがある。

「下水に含まれる有機物の量は、夏場はちょっと低いことがあって……。温度が上がる分、下水管を流れる間にある程度、微生物による分解が進みますから」（松井さん）

下水汚泥の場合、処理場によって含水率や有機物の量が異なるという性状の違いが出てくる。肥料にする方法も、一律にこれという決め手はない。

「さばけるのか？」「はけるのか？」

東京都、埼玉県、横浜市などの肥料化やBダッシュプロジェクトが脚光を浴びる半面、多くの自治体は肥料化を「検討中」とするにとどめ、様子見の感が強い。松井さんは自治体が及び腰である理由を「下水汚泥を肥料化しても、一〇〇パーセント近く引き取ってもらえる先を確保し、さばくのが難しい状況なのです」と指摘する。

「さばく」「はける」といった言葉は、下水汚泥の肥料化について自治体を取材すると、毎度のように関係者から聞かれる。肥料を作っても、果たして農業側に需要はあるのか。さばけるのか、はけるのか——。それが自治体の下水道部局が最も気にする点だ。

ここでJSの業務を押さえておきたい。下水処理場は都道府県や市町村が管理・運営しているが、その分野に通暁《つうぎょう》した職員がいるとは限らない。

「特に小規模の自治体ですと、下水処理場を造った経験がある技術者がいない、設備職の専門家がいないといったことがあります。そういう場合に自治体の代行機関として、自治体に代わって処理場の土木・建築から機械・電気も含めた設計や建設などの総合的な技術援助をしています」

自治体にとって、心強い助っ人というわけだ。その目から見て、国の方針転換で自治体の対応は変わったのだろうか。

「農家や農政部局の協力を得にくい」という悩み

「各自治体とも、たとえば汚泥処理施設の老朽化に伴う改築時などに、コンポスト化施設などの導入を検討されています。ただ、私がお聞きしている範囲の話ではありますが、受け入れ先の確保という問題から、そうした施設の導入はなかなか難しい自治体が多いようです」（松井さん）

下水由来の肥料というと、重金属が含まれるのではないかといった忌避感がどうしてもある。

「肥料利用について相談しても、地域によっては農業関係者の反応があまり良くない所もあると聞いています。『何が入っているか、分からないのではないか』といった言い方をされることもあると」

重金属が法律で定める基準値を超えることはほぼないという国交省の調査結果はある。けれども、農家や自治体の農政部局の担当者は、往々にして現状に即した情報を入手できていない。「汚泥」という字面やイメージの悪さに引っ張られ、何となく使いたくないと思う傾向がある。とはいえ、例外もある。

「感覚的な話になりますが、自分たちは農業を主体とした県・市町村だという意識を持つ自治体は、肥料化しようという意識が比較的高く、積極的に話を進めておられるように思います」

農地も下水処理場の用地も限られる都市部では、汚泥の容量を減らすため、基本的には焼却する。焼却で容積比はわずか四〇〇分の一になる。ただしデメリットとして、汚泥に含まれる窒素の九割が大気中に放出されてしまう。では、焼却をやめてコンポスト化できるかというと、そう簡単ではないと松井さんは指摘する。

「焼却施設を廃止してコンポスト化施設を造ったとしても、コンポストがさばけなければ、それをまた廃棄するといった形で処分しないといけなくなります。このため、肥料化を検討するものの最終的には採用が難しく、従来と同じように焼却炉を整備したり、あるいは『脱水ケーキ』と呼ばれる脱水汚泥をセメント工場に原料として持っていったり……。結果として、引き続き同じような形で処理するところが多い印象ですね」

昔ながらの堆肥化が主流

下水汚泥を肥料化する方法はいくつかある。発酵させて堆肥にする昔ながらの手法に加え、リンを回収する「リン回収」が行われてきた。代表的なのが、マグネシウムイオンなどを添加し、「リン酸一安（MAP）」として取り出す方法だ。狙った成分だけを抽出するため、リン酸の含有量が高い半面、コストがかかる。

「MAPのような抽出物は、重金属が含まれる心配が少なく、安心感があると聞きます。ですが、抽出しないと肥料として使わないみたいな話になると、下水処理をする側としては非常に厳しいです。肥料を使用する側の気持ちは理解できますが……」（松井さん）

リン回収を行っているのは、財政的に余裕がある自治体だ。なかでも神戸市が知られており、東京都や横浜市も始めている。ただ、Bダッシュプロジェクトに応募したことで国費でコストを賄えたり、環境保全を目的とした支出増加に財政が耐えられたりする自治体に限られてしまう。

「下水処理場で肥料化を行う場合、最新技術ではなくて昔ながらのコンポスト化、つまり脱水汚泥を定期的に機械で切り返して熟成させ、堆肥にするというやり方をしているところが圧倒的に多いです」

「切り返す」とは、堆肥を混ぜ返すことをいう。堆肥化の施設まで持つ処理場もあれば、下水汚泥を民間の処理業者に引き取ってもらい、堆肥化するケースもある。

「BISTRO（ビストロ）下水道」

こと汚泥肥料に関しては、狙いとは裏腹に、あまり表立って使っているとは言いたくないという声もある。そこで国交省は、下水道由来の資源を使って食材を作る取り組みを「BISTRO下水道」と呼んできた。元同省職員で東京大学大学院工学系研究科特任准教授の加藤裕之《かとうひろゆき》さんは、二〇一〇年に命名したときのことをこう振り返っている。

〈リンや窒素を含む下水汚泥を発酵させて肥料にすればおいしい野菜ができます。なんとかこれをプロジェクトにしたいと思っていた頃、たまたまテレビで見ていた「BISTRO SMAP」から閃きました〉（東京大学広報誌『淡青』vol.48）

汚泥を用いた肥料のほか、処理場から出る処理水や熱、二酸化炭素などを使って作った食べ物を、循環型社会に貢献するとして前向きに評価しようと狙った。ビストロはフランス語で小さなレストランや居酒屋を意味する。おいしい料理を連想させて親しみの湧くビストロを冠することで、下水道由来の資源の印象を向上させようという意図がある。

特に熱心だったのが佐賀市で、アスパラガスやタマネギといった農作物に肥料を施すだけでなく、養分を豊富に含む処理水を海苔やスッポンの養殖にも活用してきた。

燃料との「二刀流」も

下水処理はコスト削減の要請もあって、広域化や集約化が進んでおり、複数の処理場で発生した汚泥をまとめて乾燥させたり炭化させたりするところもある。先に紹介した通り、処理場によってできあがる汚泥の性質はまちまちで、含水率も違う。それを均質に加工するのは厄介だ。

ＪＳは集約処理場や広域処理場など、幅広い性状の汚泥を扱う施設をターゲットに、より効率的に処理できる乾燥システムや炭化炉の導入を提案している。松井さんは言う。

「処理場によって下水汚泥の特性は大きく異なるため、複数の処理場から汚泥を持ってくると、水分が多くてシャバシャバしているものがあったり、水分が絞られてカチカチになっているものがあったりします。含まれる有機物も全然違うので、乾燥させたり炭にしたりするにもオペレーションが難しくなります」

そこで薦めているのが「電熱スクリュー式炭化炉」だ。電気だと熱の与え方を調整しやすい。JS技術開発室長の三宅晴男《みやけはるお》さんは、次のように語る。

「炉の中に汚泥を投入し、スクリューで搬送しながら電気を熱源として加熱するため、加熱の条件をコントロールしやすくなります。昔のごみ焼却場みたいにボンと汚泥を入れて炭にするよりは、こういう形の方が品質の異なる汚泥であっても加熱ムラが抑えられ、安定した性状の炭化物ができます」

できた炭化物は、肥料と燃料という二つの用途を持ち得る。肥料の需要は、春と秋に集中し、季節変動が大きい。下水汚泥を肥料にし、地域内で使い切る事例はもちろんある。しかし仮に農業で使い切れなかった場合でも、燃料にできるという保険をかけられる。いわば「二刀流」だ。

「カロリーがある程度高いといった条件が整えば、火力発電所で燃料として受け入れるところもあると聞いています」（松井さん）

下水道側の動機となる「三つの要因」

下水汚泥の肥料化を促す最大の要因は目下、化学肥料の高騰にある。しかし下水道部局の側にも、動機付けとなる因子がある。

まずは、埋め立て地を新たに確保するのが難しくなっていることがある。たとえば東京都や大阪府は、これまで下水汚泥の焼却灰を東京湾や大阪湾に埋め立ててきた。既存の埋め立て地を延命させるには、埋め立ての量を減らすことが欠かせない。受け入れ可能な量が減るにつれ、埋め立て処分費が上がる可能性もある。

次に、下水汚泥を原料として受け入れてきたセメント工場で、受け入れ費用の相場が上がってきていることがある。下水汚泥は、セメントの原料となる砂や泥の代わりになる。「セメントの原料の代替として、お金を払って受け入れてもらっています。しかし受け入れ費用は近年、高くなってきていると聞きます」と松井さん。

最後に長期的な展望として、下水道事業が財政上の理由から収益化を迫られるかもしれないことがある。事業に要する経費は、下水道料金だけでは賄いきれず、国からの補助金で穴埋めしている。

下水道は、そもそも国の主導によって全国に普及した。国からの補助なしで施設を更新するとなると、たちどころに回らなくなる。国交省が必要性を強調し、国の予算を確保している状況にある。

そんななかで、肥料化は事業費の節減につながり得る。これまでセメント工場に有償で引き取ってもらっていたものを、農家に有償ないしは無償で提供できるからだ。ただし設備投資が必要になるため、現状で収益化するのは難しい。

JSは、肥料化を検討する際の支援もしている。自治体が肥料化を行おうとする場合、利用者側との協議のため、事前にどのような性状の肥料になるかを把握したいところだ。そのためにはコンポスト製造業者に協力を依頼し、試作する必要があった。そこでJSは、栃木県真岡《もおか》市にある技術開発実験センターに小型の肥料製造試験装置を導入した。自治体でコンポストを試作したい場合の支援ができるようにしている。

JSの支援を得て、コンポストの試作から成分の分析、肥料としての施用試験、農家への試作品提供といった手順を踏み、特性を見極めて肥料化に挑戦する自治体が増えるかもしれない。

第四章

夢洲《ゆめしま》はウンコ島——悲しき埋め立て処分

大阪湾に浮かぶ夢洲

一　大阪万博アンダーグラウンド

暗くて長いトンネルを抜けると、茶一色の広大な荒地が広がっていた。トイレから水とともに一瞬で消し去られたものが、流転してたどり着く大地。その広さは三九〇ヘクタール、東京ドーム八三個分に相当する。

ここは、大阪市民の出すウンコやゴミでできた人工の島だ。半世紀にわたって、市民が出すゴミや、川や海の底をさらった浚渫土《しゅんせつど》で埋め立てられてきた。巨大な「ゴミ箱」である、だだっ広い土地を前にすると、二八〇万人近い人口を擁する同市の底力を見せつけられたような気になる。

それとともに、ここがいつガス爆発を起こすか分からないことからSNS上で「地雷原」とも揶揄されていることを思い出す。今この瞬間にも起きるかもしれないと考えると、ドライブがいつもより緊張感を帯びたものになった。

大阪市民の巨大なゴミ箱

大阪市といえば、人が行きかい活気にあふれ、ややもすると喧《やかま》しいくらいの街という印象を持ってきた。この島はまさに大阪市内にある。けれども、訪れた二〇二四年九月中旬、通行人はいなかった。景色は全体にくすんで見え、物悲しさを感じる。道路を走るのは、八割方トラックである。

大阪湾に浮かぶ夢洲《ゆめしま》。ここは、海面の埋め立てが途中までしか進んでいない。広い土地に建物が申し訳程度にポツン、ポツンと佇《たたず》んでいる。

島内に一軒だけのコンビニエンスストアで、ようやく人と会えた。広漠とした茶色い土地にあって、セブン-イレブンはさながらオアシスだ。トラックやワゴン車を駐車場に停めて、作業員の男性たちが食べ物を物色している。

入り口の自動ドアに水色の大きなポスターが貼ってあった。

〈くるぞ、万博。〉

でかでかとゴシック体の文字が書かれている。その下に、赤と青の奇抜な色遣いの体に五つの目玉を付けた公式キャラクター「ミャクミャク」が立っている。右のこぶしを握りしめ、ガッツポーズを決めていた。

二〇二五年四月～一〇月、この場所を舞台に2025年日本国際博覧会協会（万博協会）の主催で2025年日本国際博覧会（大阪・関西万博）が開かれる。一九七〇年の日本万国博覧会（大阪万博）の再来を期して、大阪維新の会が発案した。国が威信をかけて誘致した一大イベントである。

「この辺りは埋め立て地で、もともと何もないところやから。この工事で職人さんがいっぱい来るようになった」

こう教えてくれたのは、セブン-イレブンの喫煙スペースで一服していた建設作業員。髪を短く刈り込み、よく日焼けした五〇代と思《おぼ》しい男性で、ファン付きの空調服を着ていた。

島で建設工事に当たる作業員は、日に三〇〇〇人とされる。マイカー通勤を認められず、その多くが島外から工事関係者だけを輸送する専用バスに乗り込む。

「職人さんが乗るバスが出るところにもコンビニがあって、そこなんか朝から食べ物が売り切れて、棚が空やからね」（建設作業員）

沈むことが約束された土地

埋め立てで生まれた何もない島。できたら訪れようくらいの軽いノリを、その土を踏まなければという決意に変えたのは、事情をよく知る関西の経済人から言われた次の言葉だった。

「あの島は確実に沈んでいくし、いつまたガス爆発するかもしれない。大阪の土木の関係者は、みんな知っている。ゴミを埋め立てていて、地盤が固まっていない」

その言葉は果たして本当なのか。

島が将来、地盤沈下する可能性について建設作業員の男性に問うたところ、当たり前といった感じで頷いた。

「関空の方は、地下にジャッキが付けてあるから、沈んだら上げれるけど、こっちはジャッキは付いとらんからね」

埋め立て地なので、地盤が沈むのは仕方がない。同じ埋め立て地でも、関西国際空港は建物が地盤沈下しても歪《ゆが》まないよう、対策が講じてある。できて間もない埋め立て地は、しばらく沈下を続けるのが普通だからだ。

旅客ターミナルの柱の下部には、重量物を持ち上げられるジャッキが付いている。建物に傾きが生じた場合、「ジャッキアップ」といって、ジャッキで柱を持ち上げ、柱と基礎の間にできたわずかな隙間に鉄板を挟み込んで歪みを抑える。

対して万博会場の建物は、空港ほどの対策は取っていない。沈むに任せるか、建設後に無理やり柱を持ち上げて何とかするしかないという。

夢洲が軟弱地盤であることは公然の事実。一部では豆腐状とまで揶揄されている。建設作業員は、半年前に起きた爆発事故を知ってはいたが、原因に詳しくなかった。

「なんかいろいろ溜まってたガスに引火したんと違うかな」

万博の明るい雰囲気を打ち砕くその事故は、二〇二四年三月二八日午前一〇時五五分ごろに起きていた。ボンッという音をあげて、万博会場のトイレの建設現場が爆発したのだ。

報道や万博協会の報告によると、溶接作業の火花が床下に溜まったメタンガスに引火し、大きな破裂音が響き渡ったという。厚みが一八センチあるコンクリート製の床が、六メートルにわたってめくれ上がり、床下を点検するための金属製の蓋が歪んだ。床や天井など一〇〇平方メートルを損傷した。当時四人が作業していたものの、幸いけが人は出なかった。

メタンガスは、有機物の腐敗や発酵で生じる可燃性のガスだ。都市ガスの原料になったり、発電に使われたりする。現場は建設中のトイレ棟である。誰も使っていないトイレ棟でメタンガスが生じたのは、夢洲が大阪市のゴミを受け入れる最終処分場だからだ。

爆発事故が起きたとき、万博協会は「他のエリアでは可燃性ガスの発生はない」と言い切り、トイレ棟のあったエリアだけ一カ月弱、火気を伴う工事を中止した。

ところがその後、他の工区でもメタンガスが検出され、先の断定は覆される。島内はどこで可燃性ガスが湧くか分からない。だから対策のしようがない。建設作業員はこう匙《さじ》を投げていたのかもしれない。

現役の最終処分場

夢洲は、隣接する二つの人工島・咲洲《さきしま》、舞洲《まいしま》とともに一九九一年、「夢、咲き、舞う」との期待を込め、命名された。ここはその原料からすると、「ゴミの島」であり、「ウンコの島」でもある。市民が出すゴミや、下水を処理する過程で出てくる泥状の下水汚泥、その焼却灰が半世紀にわたって投じられてきたからだ。

大阪市は高度経済成長期の一九七〇年代から、廃棄物の最終処分場として海面の埋め立てを始めた。島の一部は、万博が終われば再び廃棄物を受け入れるとみられる。

何が埋まっているかは、島を造った大阪市も正確には把握しきれていない。大阪市の総合企業誘致・立地支援サイト「INVEST OSAKA」は、埋設物を書き連ねていては差し支えがあるのか、〈大阪ベイエリアに位置する夢洲は、市内で発生した建設土砂等を利用して作られた約390haの人工島です〉とお茶を濁している。

その「等」が地中で腐敗し発酵して、メタンガスとなって工事の最中に湧き出してきた。埋め立て地の有機物が分解されて生じる「埋立ガス」が排水管を通すための地下空間に溜まり、そこに火花が落ちて引火、爆発した――。万博協会はこうみている。

万博の工事では、事故の前から爆発の危険性が認識されていた。作業を開始する前にガスの濃度を測定していたものの、このときは一階での作業で、地下のガス濃度まで測っていなかった。

事故を受けて、万博協会は、ガスが滞留する可能性がある場所で濃度の測定を徹底し、基準を超えた場合は換気をすると決めた。会場内に換気装置を増やし、可燃性のガスの濃度を毎日測定して公表し、来場者の不安を払拭するそうだ。

裏を返せば、万博会場はいつどこにメタンガスが湧いてきて滞留するか、予測できないということになる。さらに、後述する地盤沈下や、液状化、災害時に来場者が孤立する恐れまで指摘されている。平和の象徴とされる万博会場がこれほどスリリングだったことが、かつてあっただろうか。

下水汚泥の最終処分場としての夢洲には、トイレに流したもののたどり着く先として、俄然興味が湧く。万博向けに島内が美化されてしまう前に、むき出しの状態の島を見ておきたいと思った。

訪れたそこは、想像以上に広漠とし、矛盾を抱えていた。本来、資源として使える膨大な量のウンコが地中に押し込められている。栄養やエネルギーの源になったはずのものが腐敗し、発酵して、時ならず湧き上がってくる。人工物でありながら、時おり野生化して牙をむく。そんな埋め立て地に、万博協会や建設作業員が、振り回されていた。

ウンコ、おなら、下水も爆発

ウンコ、それを流した下水、それを処理する過程で生じ、夢洲に埋まっている下水汚泥……。いずれも爆発の危険が伴う。

ウンコに含まれるカロリーは、口から摂《と》る食事に比べて低くなる。人間が消化の過程でカロリーを吸収してしまうからだ。それでも、塵《ちり》も積もれば山となるで、濃縮が進むと爆発も起きる。

下水汚泥は、そのまま肥料にできるほど養分を豊富に含む。燃やして石炭の代わりに火力発電に使ったり、下水汚泥からメタンガスを抽出して都市ガスや車の燃料にしたりと、エネルギー源として見直されているくらいだ。人糞ではないものの、牛糞由来の液化バイオメタンは、ロケットを飛ばせると期待されている。

下水汚泥やゴミを散々投入してきた夢洲で、可燃性のガスが湧き、運が悪いと引火してしまう。これは自然の道理である。都市住民は、自分の生活の領域からできるだけ遠くへとゴミや汚物を押しやってきた。その一つが夢洲だった。地雷原だなんて揶揄されるけれども、埋め立て地とはそういうもの。

だからかどうかは知らないが、万博会場は会期中、全面禁煙と定められた。規則違反のペナルティは、罰金ではなく爆発かもしれない。

半世紀で肥料から廃棄物に

島の原料の一つが、大阪市民のウンコ。それは、わずか半世紀の間に、有価物から廃棄物に凋落《ちょうらく》した。その歩みを駆け足で振り返ってみる。

第二章で述べたように、ぼっとん便所に由来する屎尿、要は糞尿は、もともと農業で肥料として使われていた。近代化以降も利用が続いたものの、一九三〇年代に入ると、農村部で需要が減ってくる。汲み取り業者の中には屎尿をさばききれず、河川にぶちまける者が出てきた。一九四九年ごろには化学肥料が普及し、農業での需要がますます減っていった。

処理に窮した大阪市は一九五二年、大阪湾でなんと、海洋投棄を始める。船に積んだ屎尿を蛇行運転しながら放流した。魚が大腸菌で汚染されるとして、漁業関係者から反対されたものの、一九六二年まで続けた。これは大阪に限ったことではない。第七章で紹介するように東京湾も含め、各地で長年行われていた。

戦後、ぼっとん便所が減り、水洗トイレが普及していく。それに連れて、屎尿よりも、下水処理場から出る下水汚泥の処分の方が重要になっていく。下水汚泥を脱水した「脱水汚泥」は、もともと市民の生活ゴミと一緒に内陸部に埋め立てていた。ところが、高度経済成長に伴う大量生産と大量消費がゴミ処理の破綻をもたらす。

一九六一年ごろから、大阪市内のゴミの排出量が急増していく。ピークの一九七一年、その埋め立て量は七三万トンで、一九五五年の三倍に達した。市は、もはや内陸部に埋め立て地を確保できないとして、一九七〇年代に、大阪湾を埋め立ての処分先に決める。こうして今の夢洲や、隣接する舞洲が生まれた。

昔は脱水しただけで汚泥を直接埋め立てた。このことがいまだにメタンガスが湧く原因かもしれない。ただし、今は汚泥を燃やして埋めている。

夢洲は、経済成長が生んだあだ花だ。名前は明るい未来を連想させる。けれども、資源の循環を度外視して味噌も糞も一緒に埋め立てた結果、地盤の緩い「負の遺産」になってしまった。

本来価値のあるウンコ由来の汚泥を埋め立て、ガスの発生に振り回される。そんな大阪で起きている茶番を、私たちは笑うことができない。東京湾にも、夢洲のような埋め立てでできた島がいくつもある。

「大阪オリンピック」の夢の跡

大阪市に話を戻す。夢洲に投入されるのは、下水汚泥を燃やしたもの。焼却は、夢洲に「夢舞大橋《ゆめまいおおはし》」でつながっている舞洲の壮麗な施設で行われる。

この「舞洲スラッジセンター」は、汚泥を焼却する施設の中で、世界的にみて最も芸術的な建築物の一つなのではないか。ウンコを燃やすためだけの施設ながら、約九〇〇億円の総工費がかかっている。

訪れてみての第一印象は、「なんやけったいな」というものだった。工場ばかり立ち並

下水汚泥処理場の舞洲スラッジセンター

ぶ無味乾燥な人工島に、おとぎ話から抜け出たようなメルヘンチックな建物が立っている。地上六階、地下一階とやけに大きい（**写真**）。

街路樹の緑に囲まれているだけでなく、建物のバルコニーや屋上に直接木を植えている。ふと宮崎駿《みやざきはやお》監督のアニメ『天空の城ラピュタ』を思い浮かべてしまう。ラピュタに比べ、色遣いが白地に赤、青、明るい黄土とだいぶ派手ではあるが。

柱や模様がやたら曲がっているのは、設計した世界的な建築家が、大の直線嫌いだったから。まるでテーマパークのような見た目のせいで、直線距離で二キロのところにあるユニバーサル・スタジオ・ジャパン

（ＵＳＪ）と間違える人もいる。

設計したのは、オーストリアを代表する芸術家で建築家のフンデルトヴァッサー（一九二八―二〇〇〇年）である。

自然の中に唯一存在しないものが直線だとして、曲線を愛した彼は、自然との共存を訴えるエコロジスト（環境活動家）でもあった。柱や窓、通路を波打たせることで知られる。

自然と人の対立と共生を描く宮崎監督にも、影響を与えた。宮崎のデッサンを基に設計された三鷹の森ジブリ美術館（二〇〇一年開館）は、カラフルで曲線を多用し、緑に囲まれている点で、フンデルトヴァッサーの世界観が覆いがたく滲《にじ》み出ている。ここ、舞洲スラッジセンターがラピュタに似ていると言ったが、実際はラピュタの方が、彼の思想と芸術に影響されているのだ。

とはいえ、基礎となる建屋《たてや》は直方体。バリバリの直線で構築されている。仕方なく、外壁の上に塗る赤い塗装を歪ませていて、なんだか苦しい。この赤は、下水汚泥を燃やす炎をイメージしているという。

バブルの余波が残る時期に設計費六〇〇〇万円、総工費約九〇〇億円を投じ、建設された。なぜそんな巨費を投じてド派手な焼却場を造ったか。背景には、幻に終わった「大阪オリンピック構想」があった。

大阪府や大阪市が、二〇〇八年の夏季オリンピックの招致を目指していたのである。〈世界初の海上オリンピック〉を目論んで、開催候補地に舞洲を、選手村に夢洲を想定していた。二〇〇一年に開催地は北京と決まったが、舞洲スラッジセンターはすでに着工済みだったのだ。

「自然との調和」うたう過酷な有名建築

かくして、〈技術とエコロジーと芸術の調和〉を体現したという、城のような焼却場が誕生した。大阪市の臨海部にある八つの下水処理場から、地中を走るパイプでここに下水汚泥を集め、処理している。

二〇〇四年にこの施設が稼働するまで、大阪市は下水汚泥を脱水して粘土状の脱水汚泥にした後、八〇〇〜九〇〇度で焼いて灰にし、埋め立て処分をしていた。

対して舞洲スラッジセンターは、一二〇〇〜一四〇〇度で焼く。すると、脱水汚泥がドロドロに溶ける。それを水で急速に冷却すると、粒子の細かい砂状の「溶融スラグ」になる。溶融スラグはガラス質の固形物で、黒くキラキラしていて、黒曜石やガラスの破片に似ている。

〈溶融スラグは建設資材等に利用できるので、埋め立てが不要になります〉

センターのパンフレットで同市建設局はこううたっている。灰にすると脱水ケーキの八分の一までしか容積が減らないが、溶融スラグなら一五分の一になる。かさが減ってなおかつ資源を有効利用できる、一石二鳥の施設というわけだ。

一階のエントランスホールは、平日は開放されている。入ってみると、レンガのはめられた壁が波打っていた。焼却場と違って、さほど機能性が求められない空間だけに、フンデルトヴァッサーの本領発揮である。壁には彼のこんな言葉が書かれていた。

〈私たちは、自然との調和をはかりながら生きてゆかねばならない。私たちは、これまで不法に占拠してきた領分を自然に返すことによって、人類に夢を取り戻してやらねばならない。よりよき世界、より美しい世界への希求なくして、私たちは生き残ってゆくことはできない。一九九七年五月二一日〉

いや、でもここはそもそも埋め立て地。そんなこと言い出したら海に戻さないと……なんてツッコむのは野暮なのだろう。

センター内を見学することもできるのだが、あいにく私が訪れたのは、見学を受け入れていない日だった。ここまで来て、中を見られないのは残念と思って、物欲しげに建物を眺めていた。

　すると、建物の脇腹にぽっかりとあいた、トラックがそのまま通れるほどの大きさがある出入り口から歩いて出てくる人がいる。仕事終わりと思しい、Tシャツ姿の四〇代の男性だった。慌てて呼び止めて「中はどんな感じですか?」と聞く。

　とっさにずいぶんざっくりした質問を投げてしまった。すると、思ってもみない回答が返ってきた。

「中、めちゃくちゃ暑いですよ!」

　他に言うことなぞない、くらいの勢いである。意表を突かれ、「暑いんですか?」とオウム返しする。

「うん、ものすごく」

　男性は今しがた自分が出てきた出入り口を指さして言う。

「あそこに入り口があって開けてありますけど、中に熱気がこもって、あそこから風が入るくらいじゃ全然間に合わない。上に行けば行くほど、暑くなる。もう、汗だくですよ」

　考えてみれば、これまで下水処理場で見た焼却炉は、吹きっ曝《さら》しというか、むき出しで覆いがないところばかりだった。炉の周りに作業や点検のために足場を付けてみたという感じの簡素な構造である。

このセンターのウリは、一二〇〇度以上の超高温で焼くことだ。一般的な処理場よりも高温になる焼却炉を建屋で覆う。暑くなるのは道理である。なぜ、そんなことをしたのか。

「建物があると、何がいいんでしょうね？」と尋ねると、男性は困った顔になった。

「うーん。雨が入ってこないのが、いいところかな？」

自信なさげにこうつぶやいた後、「とにかく暑いです！」と付け加えることを忘れなかった。

自然との調和を言う以前に、この建物は中で働く人と調和していないんじゃないか。苦しい仕事からやっと解放され、一息ついたという感じの男性を前に、疑問が膨らんでいく。

答えを聞くべく、次の訪問先へと車を走らせる。

再び夢舞大橋を渡って、夢洲に取って返し、その先にあるやはり人工島の咲洲に向かう海中の「夢咲《ゆめさき》トンネル」を抜ける。夢舞大橋も、夢咲トンネルも、幻の大阪オリンピックのために建設された。

夢洲はというと、会場の建設が間に合おうが間に合わまいが、万博は否応なしに開かれそうだ。それに続くＩＲ（Integrated Resort：カジノやホテル、国際会議場を含む統合型リゾート施設）の構想の方が、万博開催に伴う工期の遅れで、幻になりかねないと心配されている。

すったもんだの末に潰《つい》えた「大阪都構想」にしても、何かと構想をぶち上げ、大騒ぎし、幻に終わるとまた次のアイデアに飛びつく。大風呂敷を広げたがる大阪人らしいのか――。

大阪オリンピックという破れた夢の跡地であり、万博、ＩＲという新たな夢に引っ掻き回されている最中の夢洲を通過しながら、思った。

臭いものに蓋　「迷惑施設」の悲哀

舞洲スラッジセンターが建つ前、大阪市の焼却炉は他の自治体と同様、建物で覆われていなかった。

「昭和五〇年代ごろから焼却炉を整備したときは、むき出しの形だったんです。その後、溶融炉を採用してスラッジセンターを建設するにあたり、臭気や騒音への対策の観点から、すべて建物の中に収める形にしています」――

大阪市建設局下水道部調整課の澤田考正《さわだたかまさ》さんがこう解説する。建設局は咲洲のアジア太平洋トレードセンターに入居している。毎朝ここから、作業員を満載したバスが夢洲へと発車するのだ。

むき出しの焼却炉を使っていたころは、下水処理場からダンプカーで下水汚泥を運んでいた。それもあって悪臭や騒音、振動への苦情が出ていた。そこで炉を建物に格納し、下水汚泥は地中のパイプで送ることにして、悪臭と騒音の問題を解決した。

臭いものに蓋とばかり、汚物を見えなくし、におわなくさせることが優先された。引き換えになったのが、排熱である。

「基本的には空間を区切って、それぞれ局所的に換気を行う形です。ただ、温度はかなり高い状態になるんですけども」（澤田さん）

換気や冷却、断熱を組み合わせ、極力室温が上がらない対策を取っている。

「作業員の労働環境を守るために、基本的には四〇度くらいで管理を行うことにしています。炉の本体の近くは、どうしても非常に温度が上がるんですけども、そういうところは点検をする箇所を局所換気するなどの対応をしています」

説明を聞いて、道理で先ほど、男性の口から暑いという感想しか出なかったわけだと納得した。てっきり「暑い」だと思って聞いたが、「熱い」の方だったのだろう。

市民から臭い、うるさいと嫌がられる迷惑施設。それをおとぎ話のような見た目の華麗なパッケージで覆い、外界と遮断する。それが自分の設計した建築に求められた真の役割だったと知ったら、フンデルトヴァッサーはどう思っただろうか。この高名な建築家は二〇〇〇年に亡くなっており、もう尋ねることはできない。

建築は、さまざまな矛盾を拡大させながらも、今後も使い続けられる見込みだ。パッケージに包まれた目立たぬ主役である溶融炉の方は、老朽化で近く使命を終える。

エコロジーを掲げ、経済成長と環境保護の両立を夢見た、一つの時代の抜け殻。そういうものに今後、このスラッジセンターはなっていくのだろう。

二　ウンコの副産物で下水管を固める

下水汚泥の処理に関して、大阪市が誇っていることがある。「基本的に全量有効利用しています」と澤田さん。全量を溶融スラグにしたことで、埋め立てが不要になった。

大阪港湾局（大阪市と大阪府が共同設置した組織）が管理する夢洲などの埋め立て地は、無尽蔵に埋め立てられるわけではない。許容量があるので、投入量を減らして延命を図る必要がある。
「大阪市も、もともと下水汚泥を内陸や港湾の埋め立てに使っていたんです。焼却炉で出た灰だったり、さらに前には脱水汚泥の状態で入れたりもしていました。極力、最終処分場を有効利用できるように、直接そういうところに投棄しないで一〇〇パーセント有効利用しています」（澤田さん）

マンホールに埋め戻しの土

溶融スラグは岩石とほとんど同じ性状をしている。大阪市はこれを下水管の埋め戻し材や道路の路盤材、コンクリート用の骨材（セメントや水と混ぜる砂や砕石といった材料）などに使う計画を立てた。

センターが稼働を始めた当初は、下水道の工事に使っていた。古くなった下水管を入れ替えるとき、管の周囲の土壌を締固《しめかた》める。砂と溶融スラグを混合して、締固めのための改良用の土「下水汚泥溶融スラグ混合改良土」にした。

締固めとは、土を圧縮して隙間をなくし、管の周りを固めること。こうすることで、管が変形したり、特定の部分に圧がかかって破損したりするのを防ぐ。下水の副産物で、下水管を固めていたわけだ。

下水汚泥を下水管の工事や管そのものに使うことは、珍しくない。下水汚泥を下水処理の事業の外で使ってもらおうとすると、臭い、汚い、扱いにくいと嫌がられやすい。だったら理解のある関連事業で使おうということで、自治体や関連事業者が再利用を進めてきた。

コンクリートの原料となる砂の代わりに、下水汚泥の焼却灰を使う「エココンクリート」というジャンルすらある。下水道の管理会社や下水管のメーカーが東京都下水道局の助言を得ながら実用化し、二〇〇〇年に「エココンクリート製品協会」を立ち上げた。下水管や組立マンホールなどが製品化されている。

ただし、下水汚泥は建設資材に向くわけではない。リンを豊富に含むため、混ぜ過ぎるとコンクリートやセメントが固まりにくく、強度不足に陥りやすくなる。また、リンは枯渇が心配されている資源なので、無理に建設資材に混ぜ込むのは、実にもったいないことでもある。

不正横行のリサイクルの泥臭さ

大阪市は有効利用を目的に、二〇一二年度から下水管の埋め戻し工事に改良土を使うよう、施工業者に求めてきた。溶融スラグは改良土の製造メーカーに引き渡す。市から下水工事を受注した業者は、メーカーから改良土を買って工事に使う。ところが、このしくみが早々に破綻していたことが明らかになる。

「業者が購入したと報告した改良土の量と、メーカーが販売した改良土の量に非常に開きがあることが発覚しまして。いろいろ調べていくと、業者が不正を働いて、改良土の代わりにもっと安い土を入れていた形跡がありました」（澤田さん）

建設局が二〇一七年に本格的な調査を始め、多数の業者が長年にわたって不正に手を染めていたと分かる。改良土は高いし、使い勝手が悪いという理由で、受注業者がその購入量を記した伝票を偽造し、工事にはもっと安い土を使って差額をせしめていた。

二〇一二〜二〇一六年度までの五年間に業者が使用を報告した改良土の量は、メーカーが業者に販売した量の三倍だった。不正を認めた件数は一四七で、この時期に行われた工事の五五パーセントに当たる。損害額は二億一〇〇万円に上った。

不正は常態化していて、市の管理の甘さが批判された。建設局は報告書で〈スラグの有効活用の制度設計上の不備〉があったと認めている。

〈現場における監督の不備に加え、不正発見の遅れとそれに対する対処の遅れが、大阪市の損害を増大させる大きな要因となった〉

市の外部監察専門委員が二〇一九年に提出した報告書は、こう指弾している。

舞洲スラッジセンターの外観が醸し出す、おとぎ話のような雰囲気。そこからは想像もつかない泥臭い現実が、リサイクルの現場には横たわっていた。

埋め立て不要も夢洲に埋め立ての怪

「溶融スラグは、工事で利用するには、管理や費用の関係で難しいので不適だとなりまして。今、下水管の締固めでの利用は、一時中止という形を取っています」

澤田さんがこう説明する。

「で、それ以降は、夢洲の土地造成とか、他の土地を埋め立てるための改良土の原料として使ってきました」

「埋め立てが不要になる」はずの溶融スラグが、埋め立て地に入れられている。これはいったいどういうことなのだろう。

三 「埋め立てればいい」が大阪の本音

「大阪府も大阪市も、下水汚泥の肥料化はやっていない。埋め立ての方がよっぽど安いと聞いている。大阪府内で下水汚泥を肥料にしているところは、ほとんどありません」

こう言って、大阪の埋め立てへの偏重ぶりを嘆くのは、大阪公立大学大学院農学研究科教授の小泉望《こいずみのぞむ》さんだ。小泉さんに限らず、私がそれまでに話を聞いた下水処理の関係者は軒並み、大阪はとにかく埋め立てるとボヤいていた。経済合理性でいったら、下水汚泥は埋め立て一択。かつての日本経済の中心地らしい、ドライな発想なのかと受け止めてきた。

だから、建設局の説明に、私はずっとモヤモヤしていた。

「二〇二二年から二〇二四年に関しては、夢洲が万博に向けた工事中のため、一時的に溶融スラグを貯留している形になります。二〇二一年度より以前は、今ちょうど工事をしている、万博用地の埋め立ての改良部の原料として、使う形を取っていました」（澤田さん）

埋め立て地に搬入していることは認めつつ、埋め立てに使っているとは認めない。埋め立てすんのかい、せんのかい。疑問は募る一方だ。

一〇〇パーセント有効利用を掲げる大阪市に対し、大阪府の方は埋め立ても少なくないという。我慢できなくなって聞く。

――埋め立てと有効利用に、違いってあるんでしょうか。

「なかなかちょっとこう難しいところなんですけども」

――どっちも埋め立てのような気はするんですけど。

「大阪府下で利用される最終処分場の『大阪湾フェニックスセンター』は、廃棄物の最終処理をするために利用されるところです。土地を造成するというよりは、埋め立てていく場所で、埋め立てるには産業廃棄物として処理する契約を結びます。いっぽう大阪市の溶融スラグは、建設資材として利用すると。だから最終処分場に持ち込む産業廃棄物ではなく、有価物として、土地造成の資材として有効利用しているということです」

下水汚泥を最終処分する場合、行政は一トン当たり数万円の処分費を払う。それに対し溶融スラグは、一トン当たり税込み五二円で販売する。ただし、夢洲に入れていたときは、同じ大阪市が相手なので無償譲渡していた。

埋め立てか否か。その違いは行為そのものより、行政手続きの違いによって決まる。全量有効活用というのは、苦しい言い訳だと思える。

成長の夢と捨てられた資源

夢洲の地中に大量に投じられてきた下水汚泥は、近代化で下水道が普及したことで生まれた。その後、経済成長につれて、価値を失っていった。養分を豊富に含んでいて、農作物を育てたり、発酵させることで発電したりできたはずの資源。それをゴミとして最終処分した挙《あ》げ句《く》、できた島を「負の遺産」呼ばわりする——。日本の未曽有《みぞう》の経済成長は、とんでもない不経済の上に成り立っていた。

万博が終わればこの島は、市民の出した下水の成れの果てを再び受け入れる。トイレに流した汚物が流転し、たどり着く大地。そこを一望できるさきしまコスモタワーの高層階に、大阪市の取材を終えて上ってみた。窓越しに見える夢洲は相変わらず、工事の喧騒に包まれているようだった。

第五章

水産から半導体まで——生活を支える資源への回帰

江井ヶ島漁港

一　海苔の養殖と下水道

「海がきれいになり過ぎた」

鮮やかな青色の半袖ポロシャツに黒いズボンというぃで立ちで、江井ヶ島《えいがしま》漁業協同組合(兵庫県明石《あかし》市)組合長の橋本幹也《はしもとみきや》さんがぼやいた。それは、兵庫県、ひいては瀬戸内海の多くの漁師が共通して持つ感慨でもある。

橋本さんが播磨灘《はりまなだ》に面したこの地域で漁師になったのは、一九七九年のこと。海苔の養殖と、タコ壺漁、刺し網漁をしている。当時は魚もタコも獲れ、養殖も順調だった。「まさに右肩上がりの時代」だったと振り返る。

明石の海は今、沖合に出れば海水面から一〇メートル下まで見通すことができる。「昔の三倍くらいは見通せるようになった」と橋本さん。それと同時に、魚もタコも獲れる量が以前より減り、海苔は品質の低下に悩まされている。

江井ヶ島漁協の取扱高は年間六、七億円ほどで、その九割以上を養殖の海苔が占める。屋台骨ともいうべき海苔が、黒く色付かずに薄茶や緑色になってしまう「色落ち」を起こしている。窒素やリンといった栄養の不足が原因だ。

橋本さんは、腰かけている黄土色のソファを指さして、「こんな色になって」と嘆く。「定食でごはんと一緒に出てきたら、食べてもおいしくないような色ですよね。こういうふうになったら、もう商品価値がないんで」

水は澄んだが、海が豊かでなくなった——。これが水産関係者の共通認識になっている。

「瀕死の海」から貧栄養の海へ

原因の一つとして指摘されるのが、海水に含まれる養分が減ってしまう「貧栄養化」だ。その解消策として期待されているのが、下水である。

瀬戸内海はかつて、養分が多すぎる「富栄養化」が進んでいた。水中の植物プランクトンが異常に増殖し、水が赤く変色する赤潮が、特に問題となった。

赤潮は、高度成長期の一九六〇年代から、瀬戸内海に限らず国内で急増した。人口が都市に集中し、工場や生活排水に含まれる窒素やリンが過剰に海に流入したためだ。

赤潮はときに魚の大量死を招く。原因として、プランクトンが放出する毒素に中《あた》る中毒や、酸欠などが考えられている。赤潮は一九七〇年代から瀬戸内海の漁業に深刻な被害を与えていき、一九七二年には国内最大の赤潮被害が播磨灘で起きる。養殖のハマチ一四〇〇万尾が死に、七一億円の被害が生じたとされた。漁師らが国を相手取って損害賠償を求める「播磨灘赤潮訴訟」を起こした。

国は、瀬戸内海の水質保全を目的に「瀬戸内海環境保全臨時措置法」を一九七三年に制定する。一九七八年に臨時法を恒久法に改め、特別措置法（以下、瀬戸法）とした。「瀬死の海」と呼ばれるほど汚濁の進んだ瀬戸内海。その水質を改めるべく、排水の規制を厳しく定めた。

半世紀以上が経った今、かつて富栄養化に悩まされた海は、見違えるように澄み渡った。それが行き過ぎて今は逆に貧栄養化しているというのだ。

下水の力で海を豊かに

きれいなことは、いいこと。安易にこう考えてしまいそうだが、そうではない。

人間は海から漁獲物を得る。獲った分に相当する栄養を戻さないと、海は貧栄養になる。

瀬戸法は、窒素やリンといった植物プランクトンのエサになる「栄養塩」が水質汚濁の原因になるとみなし、その排出量に上限を設けて規制していた。汚水や廃液を出す事業者に対し、「水質汚濁防止法」で定めるよりも厳しい排水の基準を設けた。今はというと、この栄養塩を必要とする海苔やワカメが生育不良に陥っている。

「公害が問題になった昭和四〇年代（一九六五〜一九七四年）は、瀬戸内海をきれいにしてくれって、漁民がみんな水質保全の運動をやったんです。それが今は、栄養がない海になってしまった。きれい過ぎる海に魚は棲まないから」（橋本さん）

かつての豊かな海を取り戻せないか。漁師たちが注目したのが、下水の力だった。

「公害の時代の海はさすがに汚すぎたんですけど、それよりも昔だと、下水道もなくて、屎尿は垂れ流しだったじゃないですか。ああいう状態の方が、養殖には良かった。海も豊かだったと思いますよ」

二〇〇〇年代に入って、明石市の漁師の間で、栄養塩の不足が知られるようになっていく。

熊本県や佐賀県の一部の下水処理場は当時、下水の処理水に含まれる栄養塩類の濃度をあえて高いままにする「栄養塩管理運転」を実践していた。これは、浄化処理の水準を意図的に下げるということだ。

「下水道なしではもう生活できないから、下水処理をするのはしゃあない。そうなると、処理した後の栄養塩の数値を上げてもらうしかない」（橋本さん）

明石市の下水処理場でもこうした柔軟な運転をできないか。市内の漁協で二〇〇八年七月に市役所に要望を出した。

季節限定から通年に

要望を受けた明石市は、同年一〇月、二見《ふたみ》浄化センターで栄養塩の管理運転を試験的に始めた。その後、徐々に広げて今では市内の四つの処理場でこうした運転をしている。

「職員さんにしてみたら、水道水にもできるくらいの、きれいな水にする技術でやってきてはるから。きれいにする使命感もあるし、職人技で水質をコントロールしてるみたいなんですよ。それを栄養塩を少し上げるっていったら、いろいろ難しいものがあるみたい」（橋本さん）

その一カ所が、江井ヶ島漁協から車で五分少々のところにある大久保浄化センター。一九九六年にできたここは、市内で最も遅くに整備された処理場である。実は、その整備に強硬に反対したのが漁師だった。

橋本さんはこう振り返る。

「そのときは、市内の漁協の役員が『日本海に流せ』って。我々の海の方に流すなって必死に言っていたところはあった。やっぱり下水処理にあんまりいいイメージがないし、排出される栄養塩が海にええことないん違うかって、漁師は思っていたね」

その漁協が後に、栄養塩を浄化し過ぎずに出してほしいと要望することになる。瀬戸内海をめぐる変化は、なんとも目まぐるしい。

同市下水道室水質担当課長の杉山真吾《すぎやましんご》さんは言う。

「下水処理場は汚水をきれいな水に処理する施設だという認識がもともとありました。それが、漁業関係者の間で、処理場が水をきれいにし過ぎだという方向に、ガラリと考え方が変わっていって。もっと栄養塩を含んだ水を出してほしいとなって、今に至ります」

大久保浄化センターの処理は、活性汚泥法を採用している。これは、空気（酸素）を好む微生物によって汚れを浄化する方法で、第二章で紹介した東京都と基本的に同じだ。微生物が汚れを食べて水を浄化するイメージである。この処理では、栄養塩として重要な窒素も処理されて減ってしまう。

「窒素成分の分解を最小限にしながら汚れを取っていく感じです。微生物の活動を活発にして汚れ成分を分解してもらうために、処理中の反応タンクに空気を送り込むんですけど、それを少し緩めるんですね」

杉山さんがこう説明する。浄化の程度を下げるというのは、下水処理の常識と真っ向から反することだった。

「それをすると、水質が法律の基準を守れなくなる恐れがあるんで、下水を処理する立場の人間からすると、すごい躊躇《ちゅうちょ》することだったんです。何とかやってほしいという要望があったので、踏み切ったということです」

もともと、海苔の養殖で色落ちが問題になりやすい冬場に合わせて、季節限定で栄養塩管理運転をしていた。それが、春先に獲れるイカナゴの不漁も貧栄養化が影響しているということになり、年間を通じた運転に切り替えた。

栄養塩を放出する下水処理場に近いほど、海苔の色落ちは抑えられている。

規制から管理へ法改正

こうした動きを受けて、瀬戸法は改正される。まず二〇一五年に一律の規制が見直され、海域ごとの実情に応じた運用が認められた。二〇二一年の改正はさらに踏み込み、府県の知事が栄養塩の管理について計画を立てられると定めた。

兵庫県は、瀬戸法の改正を受けて栄養塩の管理に乗り出す。今では県下の二八の処理場が栄養塩管理をしている。

明石市に話を戻すと、二〇〇八年から栄養塩の管理を徐々に広げて以降、河口や下水処理場に近い沿岸は、黒い海苔が獲れるようになった。けれども、栄養塩が不足する沖合は、依然として色落ちの問題を抱える。橋本さんは言う。

「かつてはめちゃくちゃ栄養塩があって、いろんな種類のプランクトンが海の中でせめぎ合っていたから、栄養塩を食べ尽くさない状態だった。今は、水温が上がったこともあって、大型のプランクトンが単一でバッと広がって、栄養を食べ尽くしてしまう」

何とか貧栄養化を解決したいと、市内の漁協が中心となって農業用の溜め池の掻《か》い掘《ぼ》りをしている。これは、池に溜まった栄養の豊富な泥をさらって、川に投入する作業だ。栄養の豊富な水が海に達することを狙っている。

海苔の養殖場に施肥をするという、直接的な対策も試してきた。数年前から発酵させた鶏糞を養殖場のある海中に投入してきた。

「補助金が出たこともあって、人工的に肥料を入れたらどうか実験をしてたんです。ちょっと生育が良くなったような感じはあるけど、水中で流れてしまうんで。今は肥料の硫安も高いでしょ。なかなか良い費用対効果は出ない」(橋本さん)

沖合で栄養塩が不足するため、漁師の間では下水処理の水準をもっと落として栄養塩を出してほしいとの声が強い。処理場としても応えたいところだが、一自治体の取り組みとしては限界に近づいている。

「水質の汚れを示す指標のBOD（生物化学的酸素要求量）とか、あとは大腸菌群数っていう規制値もあります。そういうものを守ろうとすると、今ぐらいが限界なのかなっていうところに来ていますね」（杉山さん）

法律上の規制の限界に加え、処理方法自体に備わる限界にも近づきつつある。活性汚泥法では、下水として流入する窒素成分の七〇パーセントを残すのが限界とされている。

「どう頑張っても、やっぱり窒素成分の三〇パーセントは処理されてしまう。だから七〇パーセントを処理水として放出するのが一つの目安と言われてまして、もうぼちぼちそこに来つつある。できる限り、頑張りますけど」

漁協と法律、処理方法の限界の間で、処理場は板挟みになっていた。

本来、こうした問題は国ぐるみで考えていくべきだろう。国交省によると、二〇二二年度の時点で愛知県から佐賀県にかけての三四都市、六〇の下水処理場が栄養塩を管理（排出量の調整）している。

明石と同じく海苔が有名で、この取り組みの嚆矢《こうし》となったのが有明海だ。佐賀県は、施肥や栄養塩の管理などで色落ちを回避する直接的な経済効果は最大で数十億円に上ると試算している。栄養塩の添加によって漁業者の生産意欲を維持できるので、間接的な経済波及効果はより大きくなる。愛知県の三河湾も、海苔やアサリ、イカナゴの不漁から管理に乗り出した。

肥料価格が高騰するいま、海に施肥をするのは高くつく。栄養塩管理で漁獲をある程度元に戻せるなら、それに越したことはない。

二　半導体に食品添加物、消火器も

農林水産業以外の用途にも、下水道由来のリンを柔軟に使うべき。こう主張するのが、汚泥処理のエキスパートの株丹直樹《かぶたんなおき》さん。水処理やゴミ処理のプラントメーカーである株式会社タクマ（兵庫県尼崎市）の環境本部長付参事を務める。

「下水汚泥を燃やした焼却炉の灰には、リンが濃縮しています。我々は焼却炉のメーカーなので、灰からリンを回収できないかと考えています」

同社は、回収したリンの用途として、必ずしも肥料にこだわらないという。

「入ったものが出ていくということで考えると、『合流式』と呼ばれる、黎明期《れいめい》に作られた雨水と生活排水の両方が流入する下水道だと、土壌によっては重金属が流入してきます。最終的に化学処理をして取り除く場合は別ですけど、それをいくら焼いたところで、灰を肥料として撒く場合には重金属の問題が生じてくる。その点がネックかなとは思います」

農産物は最終的に人の口に入るため、下水処理に携わる側から「肥料の品質の確保等に関する法律（肥料法）」に定める重金属の基準を緩める要望はしづらいという。

第三章で肥料化を検討していると紹介した札幌市がまさに、この問題に悩まされている。同市では鉱山や、ヒ素を含む温泉水が影響し、自然に由来するヒ素を含む土壌が広く分布している。そのため、下水汚泥にもヒ素が含まれやすい。肥料にするには、安全性の確保とヒ素を除去する費用が足を引っ張る。

「二一世紀の石油」半導体に必須

リンの主たる原料はリン鉱石だ。日本はその全量を輸入している。株丹さんは言う。

「下水から回収されたリンの八割は肥料に利用されていますけど、残り二割は工業利用されています。半導体の表面を加工するのに使うエッチング剤にも、リンが必要なんですよ。リンは非常に大事なものなので、リンの回収はこの国のためになるのではないでしょうか」

半導体はパソコンやスマートフォン、自動車、ロボットなど、さまざまなデジタル機器に使われる電子部品だ。その重要性から「二一世紀の石油」とか「産業のコメ」と言われる。

日本は一九八〇年代、世界の半導体産業を牽引《けんいん》していたが、今はアメリカや韓国、台湾の後塵《こうじん》を拝している。そこで、経済産業省が中心になって、半導体産業の再興に注力している。次世代型の半導体の開発を目指す「ラピダス」を官製ファンドが支援したり、世界最大の半導体の受託生産メーカーで台湾に本社を置く「TSMC」を熊本県に誘致したりしてきた。

そもそもの話として、リンが足りなくなったら、経産省が掲げる半導体産業の再興は、叶わぬ夢になる。

リンは、食品添加物や歯磨き粉、消火器にも使われる。リンの輸入元として日本が頼っているのが中国だ。

「中国は、リン鉱石を戦略的鉱物資源に指定しています。台湾有事とか、何かあった場合に肥料の輸入が止まることもさることながら、食品添加物や半導体のリンも止まっちゃう。工業用途のリンを確保することは、非常に重要なんです」（株丹さん）

三　金鉱山より金が採れる

下水処理場は金鉱山より金が採れる。

そんなバカなと思われるかもしれないが、国内外で真剣にこうした金の〝採掘〟やその検討がなされてきた。

二〇一五年には、アメリカ地質調査所の研究チームがアメリカ化学会の大会で次の発表をした。下水汚泥に金鉱山の採掘に見合う水準で金が含まれ、銀やプラチナも含まれる。消臭剤など日常生活の至るところで金属が使われているため、下水にはナノレベルの金属類が流入する。下水が貴重な資源になるというこの発表をアメリカの雑誌『TIME』をはじめとするメディアが驚きをもって伝えた。

鉱山の採掘基準超え

世界の主たる金鉱山では、一トンの鉱石に三～五グラムの金が含まれているが、下水処理場から出る汚泥に金鉱山の採掘基準を超える量の金が含まれることがしばしばある。

過去の話だが、横浜市の場合、工場排水のみを受け入れる処理場から出る脱水汚泥に、一トン当たり三・三グラム以上の金が含まれていた。メッキ工場などから流入したとみられ、銀に至っては三三グラム以上含まれていた。それで、二〇一四年から、それまで埋め立て処分していた脱水汚泥の売却を始めた。

二〇〇七年、長野県諏訪《すわ》市の下水処理場から出る汚泥やそれを燃やした灰に、平均的な金鉱山を超える含有率で金が含まれていると判明した。流域に精密機械の工場が多く、金メッキといった用途の金が流入したらしい。そこで二〇〇八年から灰の販売を始め、年間四〇〇〇万円を売った時期もあった。その後、排出源になっていた工場が排水に気をつけるようになり、金が採れなくなったため、二〇二〇年に販売をやめている。

家畜と人の糞尿でリン酸肥料を賄える

年間約八〇〇〇万トン、容積に直すと東京ドームで七五杯分排出される家畜糞尿には、リン酸が二〇万トン強〜四〇万トン強含まれると見積もられている。下水汚泥には一二万トン近く含まれるとされる。年間に施肥されるリン酸肥料は三五万トン前後だから、家畜糞尿と下水汚泥に含まれるリン酸を足すと、その必要量を上回る。

現実には、その全量を肥料に回すことはできない。それでも、肥料化に真面目に取り組めば、輸入への依存度を大幅に下げることができるのだ。

第六章　ウンコは熱い——サステナブルな熱源

トヨタの燃料電池自動車「MIRAI」と消化タンク（東灘処理場）

ハウスの加温に雪国の融雪

夏の東京はうんざりするほど暑い。温暖化のせいで、いまや秋でも暑い。いったいこの暑さは、どこから来るのか。

「都会の暑さは、半分は建物の中を涼しくするための暑さ。そんな感覚が私にはあって。夏にエアコンを動かせば、室外機がひたすら、建物の外に暖かい空気を出し続けるわけですから」

こう指摘するのは、新潟市にある株式会社興和《こうわ》水工部の小酒欽弥《こざけきんや》さん。同社は建設工事やコンサルティングを手掛ける。

水工部は、読んで字のごとく、水道や下水道といった水に関わる工事を担う。雪国だけに、路面に積もった雪を水を流して融かす「消雪パイプ」の工事に端《たん》を発している。

こうした融雪システムを主力とする同部が、新規事業として活用するのが「下水熱」。下水道の持つ熱である。

ヒートアイランド対策で期待の下水熱

下水管の中は、外気と比べ、冬は暖かく、夏は涼しい。下水熱は、冬に雪を溶かし、夏はクーラーに使える。しかも、「下水の中に熱を逃がしてくれるので、室外機のように直接外気を暖めてしまうことはない。ヒートアイランド現象の抑制になるんじゃないか」（小酒さん）というのだ。

ヒートアイランド現象とは、都市部の気温が郊外に比べて上がること。温度を地図上で色分けすると、高温になる都市部が島のように見えるため、ヒートアイランド（熱の島）と呼ぶ。

原因として、都市部は地表が建物や舗装で覆われていて熱を溜め込みやすいこと、建物の密度が高く熱が逃げにくいこと、多量の人工的な排熱が大気を暖めることが挙げられる。人工的な排熱とは、施設や工場、家屋、自動車などが発する熱のことで、もちろんその中にエアコンも含まれる。

ところが、下水熱を活用すれば、排熱が外気を暖める問題を解決できるというのだ。

図5　下水水温と気温の温度差

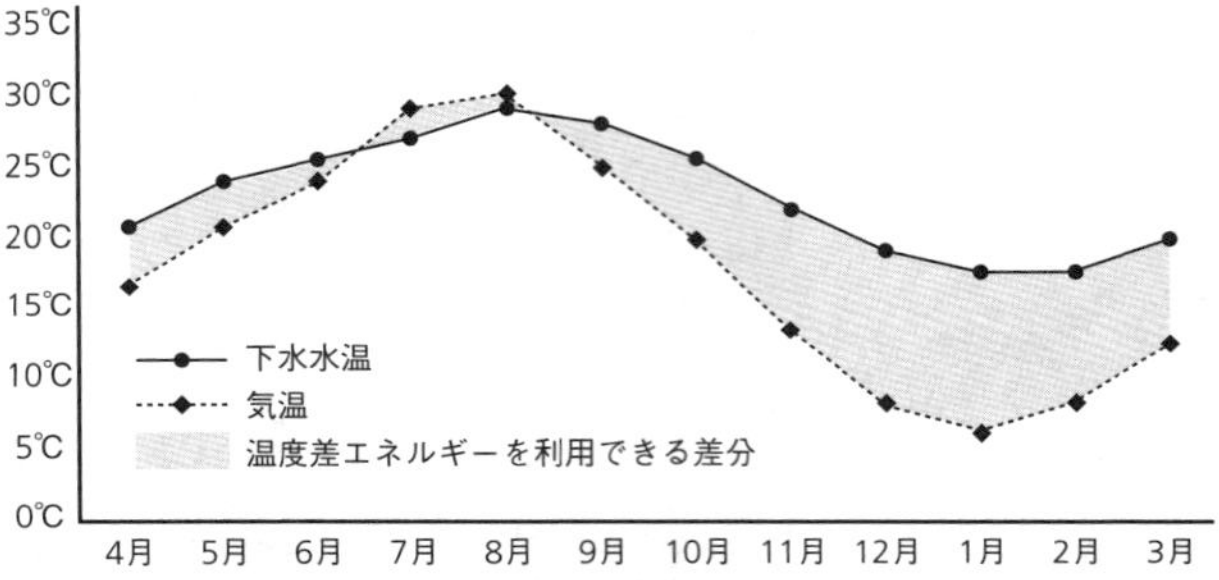

国交省ウェブページ「下水熱利用の推進に向けて」より作成

九〇万世帯の熱利用を賄える

下水管は、街中《まちじゅう》に張り巡らされていて、地震にも強い。下水を流す以外にも、使い道がある。

「私たちは家庭から出た汚水が処理場に行くまで、街《まち》中《なか》のマンホールの下を走っているところから、下水熱を採っているんですね。各家庭で出て、ただ下水道に流してしまっていた熱を再利用しようというシステムです。人が多く住んでいるところであれば、利用価値があります」（小酒さん）

図5で示すように、下水の温度は外気温に比べて、上がり下がりが小さい。だから、外気との温度差を熱エネルギーとして使える。空調や給湯、融雪、舗装の冷却など多様な用途がある。

下水管はもともと目的外の使用を想定しておらず、その中に下水道事業とかかわりのないものを設置できなかった。それが、一九九六年の下水道法の改正により、許可を得れば物を設置できることになる。熱を採るための器具の設置も、可能になった。

国交省によると、下水熱は潜在能力が高い割に活用されていない。

〈国内利用はほとんどが下水処理場内に限られ、地域における利用事例は三一件（令和元年五月現在）にとどまっているが、下水熱は全国で約九〇万世帯の熱利用量に相当する大きなポテンシャルを有しており、積極的な取組の推進が必要〉（同省「下水熱利用の概要について」）

下水熱活用の草分けで、国内の設備施工の多くに携わるのが、小酒さんの属する興和水工部だ。きっかけとなったのが、主力事業の融雪で、消雪パイプが使いにくくなったことだった。

路面に埋め込む消雪パイプに流す水は、井戸を掘って汲み上げる。ところが、地下水の低下による地盤沈下の問題が起こり、新潟市では、一部を除いて消雪パイプによる融雪を新たに行うことが難しい。

そこで同社は、水を撒かずに雪を融かす方法を探ってきた。ヒートポンプを使ったり、地中や温泉の熱を使ったりしてきた。小酒さんは言う。

「水を撒かない、熱利用による融雪を二〇年以上やってるんですよ。融雪装置の導入も多い官公庁は、いつまでも化石エネルギーじゃないよねという意向を以前から持っていました。私たちとしても資源循環でやれるものはないかと対応するうちに、技術開発が進んできました」

地中熱による融雪は、地中の温度が年間を通じて一定であることから、外気との温度差を利用する。この方法の延長線上に、下水熱がある。

雪が積もらないマンホールに着目

同社は二〇一二年、新潟市内で初となる下水熱を使った歩道の融雪設備を試験的に設けた。

下水熱を共に利用しようとするのが、新潟市。下水道計画課係長の清水淳《しみずあつし》さんは、小酒さんとは二〇一二年当時からの付き合いである。

新潟といえば、雪国というイメージがある。確かに山あいは降雪量が多いのだが、新潟市でも海に面した中心市街地は比較的雪が少ない。降雪量が多い地域ほど、除雪の設備は整えられる。その点、同市中心部では設備が十分でなく、除雪が行き届かないという悩みがあった。

　車道には除雪車が走る。対して歩道については、地元の人が雪かきをしたり、歩行者が踏みしめたところが自然と道になったりという、人力の除雪に頼ってきた。そんな同市が下水熱に着目した理由を、清水さんはこう説明する。

「気温が低いので、雪が降れば歩道に融け残って、歩ける道幅が狭くなっていきます。そういうときに、ふと道路に目を向けると、路面がアイスバーンで凍っていても、マンホールの上だけ雪が融けて黒く見えている。下水にエネルギーがあるんじゃないのか。だとしたらこれを何かしら利用できないかと考えました」


　新潟市と興和水工部は二〇一二、一三年に、市内の二カ所のバス停前の歩道に、下水熱を使った融雪設備を設けた。大きさはそれぞれ二・五平方メートル（一畳半弱）と四・九平方メートル（二畳半強）で、極めて狭い。

　その構造は簡素で、熱の伝達に優れた作業液を封入し密閉した「ヒートパイプ」という鋼管の下部を地中の下水管の中に入れて立て、地表のすぐ下で折り曲げ、歩道の下に這わせる。ヒートパイプは下水管の中から熱を採り、歩道に達すると放熱する。ポンプも電源

新潟市役所前のバスターミナルの歩道(提供:株式会社興和)

も不要という、省エネの技術だった。

この二カ所を足掛かりに、一五年には全面的な融雪に乗り出した。市役所前にあるバスターミナルの歩道で、約五〇メートルにわたって融雪設備を設置した(写真)。広さは一〇八平方メートルに及ぶ。こちらは循環のためのポンプこそ設けているものの、下水から得られる熱だけで雪を融かす。

新潟は下水熱で条件が悪い方

興和の本社の一階エントランスに、ほぼ実物大の下水管の模型が設置してある。それを指し示しながら、小酒さんが融雪のしくみを説明してくれた。

「下水管の中に細いポリエチレンの採熱管

を何本も這わせて、液体を流すんです。融雪を例にとると、雪は零度くらいで、新潟市内の下水は一〇度ちょっとくらい。採熱管を通る間に液体を温めて、地上で雪を溶かし、五度前後まで冷えた液体を、また下水管の中を通して温める。それだけなんですよ」

採熱管が細くて何本もあるのは、表面積を広くして熱交換の量を増やすためだ。液体は水でも構わない。融雪に使う場合は、万が一の凍結を避けるため、不凍液を使う。

下水熱について紹介する資料にはよく、下水は年間を通じて一七度程度に保たれていると書いてある。それに比べると、新潟の下水の温度は低い。

各地の下水道を見てきた小酒さんによると、西日本ほど下水の平均温度は高い。「福岡県だと一九度くらいある印象」だという。北に行くほど低温になるかと思いきや、そうではない。

「札幌でも仕事をしてるんですけど、一五度くらいはあって、意外と温かいですよ。冬になると寒いので、皆さんが温かいお湯をたくさん使うんだと思うんです。実は新潟は温度が低い方なんです。条件の悪いところで下水熱利用をスタートしてたんだなという感覚を、後から持つようになりました」

新潟市中心部は下水道の整備が早くに進んだ。そのため、雨水と汚水が両方入る合流式下水道になっている。雪解け水も入るため、温度が一〇度を下回ることもある。それでも、積雪時の路面はさらに冷たいので、問題なく雪を融かせている。

条件の悪い新潟でも下水熱を使えるのだから、他地域はなおさらだ。小酒さんは今、全国各地に出かけていって、下水熱を融雪や空調、給湯などに使うための工事に関わっている。

低い認知度

私が新潟市役所を訪れたのは九月下旬の午前中だった。目の前に、下水熱を融雪に使うバスターミナルがある。平日で、バスを待っているのはだいたい高齢の女性だった。三人に話を聞けたが、いずれも下水熱を融雪に使っているとは「知らない」とのこと。返ってきたのは「そうなの?」とか「そういえば、冬は雪が融けていたかもしれない」といった自信なさげな回答ばかりだった。

新潟市内で積雪するのは一二~三月にかけてで、訪れたのは、まだ暑いさなかだった。とはいえ、下水熱は市民にあまり認知されていないらしい。

バスターミナルの端に、熱を循環させるためのポンプが格納された金属製の茶色い箱が、据えつけられている。そこに〈下水熱を利用して雪を融かしています〉と書かれたポスターくらいの大きさの案内が貼り付けてあった。清水さんは言う。

「意外と知られてないですね。雪が融けていても、雪かきしてこうなってるのかなと勘違いしている人もいるようです」

もともと、大きな案内板を設置して、下水熱の利用を広報したいと考えていた。ところが、一帯が景観を維持しなければならない風致地区に指定されており、断念した。

「PRのために看板の設置を考えましたが、融雪施設が都市の風致を維持する風致地区内ということで、規制があり、自由にこうした看板を設置できないことから、なかなか歩道利用者にPRがしづらい状況でした」

夏場に舗装を冷却

下水熱のメリットは、ランニングコストが低いことだ。最初に工事をした二カ所のバス停は電気代すらかからない。バスターミナルにしても、循環のためのポンプに使う電気代だけである。

デメリットは、下水管や路面を工事しなければならず、初期投資が大きいことだ。

「融雪は一二月から三月の間だけで、四月から一一月の間に寝かせてしまうのは、もったいない。年間通して使える方が、早めにコストを回収できます」（清水さん）

冬場は融雪や給湯、暖房に使い、夏はクーラーに使うといったことができれば、効率がいい。新潟市と興和は、夏場にも下水熱を使えないかと、バスターミナルで舗装を冷却する実験をした。

「設備を夏にも運転したらどうなるか試してみました。周りの路面が五〇度を超えてくるなかで、一〇度近くは温度が下がりました。ただ、歩いて通行していると、たとえば五〇度と四〇度の差ですから、冷房の風が当たっているほどには効果を感じられない」（清水さん）

興和は、舗装の冷却と融雪の両方を自動で制御できる設備を、横浜市内の広場につくった。夏に撮影したサーモグラフィー（熱画像）を見ると、周囲の路面が真っ赤に写るなか、設備を入れた区域だけが見事に温度が下がって青色に写っている。確実にヒートアイランド対策に一役買っているようだ。

ハウスを加温

バスターミナルの建設と同じ二〇一五年、新潟市は下水熱を暖房に使う試みも始めた。

花卉の直売所「花ステーション」の暖房にも下水熱が

花や苗木、盆栽などを販売する花卉《かき》の直売所「花ステーション」（写真）に下水熱を使う暖房設備を置いた。「ボイラー式の空調が耐用年数を迎え、更新の時期というタイミングだったので、下水熱を利用した空調をやってみませんかと話が進みました」と清水さん。

灯油を使うボイラーのころは、冬場に約三三万円の暖房費がかかっていた。下水熱を使った空調に切り替えてからは一一万円弱になり、六七パーセントも節約できている。二酸化炭素の削減量も算出していて、放出量の七八パーセント、年間で七・三トンも削減できた。

下水熱は初期投資額は大きいものの、ランニングコストが大幅に削減できる。長期間使い続けるほど、有利になる。下水道設備の耐用年数は五〇年とされる。下水熱利用設備も同様だ。その間、使い続ければ十分元が取れるということだ。

下水熱が新たな収入源に

同市は下水熱の利用料を今のところ徴収していない。対して、利用料を設定する自治体も出てきた。

札幌市は、下水熱自体には利用料を課さないものの、下水熱利用の費用も考慮して下水管の使用料を定めている。管の断面積に占める使用する断面積や、長さを同市が定めた計算式に当てはめれば、管の占有に応じた使用料がはじき出される。

小酒さんによると「そんなに大きい金額にはならないです」とのこと。

「感覚的なものですけど、このくらいの金額だったら、払ってもメリットがありそうと私は思いました。今後、札幌市が全国的なモデルになっていくのかもしれません」

新潟市も今後、下水管の占有料なり、熱の使用料なりを徴収できないか、検討していく。料金を取るとなると、条例の改正が必要になる。他の自治体の動向もみながら、行政だけでなく民間企業も下水熱を使えるような制度設計をしたいという。

清水さんは将来をこんなふうに思い描く。

「今後、下水管の老朽化が進んでいきますので、維持管理にお金が一層かかってきます。下水料金で維持管理をやりくりしていくのが通常なんですけども、老朽化が進むと、料金がどんどん高くなってしまいます。収入源として、その足しにできたらと思い、今後、民間企業への利用拡大に向け検討を進める考えです」

需要増も施工業者少なく

国交省によると、下水熱を地域に供給しているのは、二〇二一年度末時点で、全国三五カ所にとどまる。都内でいうと、後楽園の東京ドームホテルや、品川駅近くの超高層ビル・品川シーズンテラス、中野区立総合体育館の空調などに使われている。

なかでも規模が大きいのが、富山県射水市《いみずし》にある新湊大橋《しんみなと》（**写真**）。富山新港を跨《また》いで架けられ、二〇一二年に開通した、総延長が三・六キロに及ぶ巨大な橋だ。下を大型船が航行できるよう、海面から橋桁《はしげた》まで四七メートルもの高さがある。

「冬場、五〇メートル近く上から雪の塊が落ちてきたら、いくら船でも当たると危ない。そこで、橋の上を丸ごと融雪する形にしています。下水熱も含む処理熱を使う融雪として

下水熱を融雪に使う新湊大橋（提供：株式会社興和）

は、国内で最大規模ではないか」（小酒さん）

積雪と凍結の対策として、橋の近くにある神通川《じんづうがわ》左岸浄化センターが下水を処理した後に排出する処理水を活用する。冬場でも水温が一六度あるので、それを熱源に雪を融かしたり、処理水を直接散水したりしている。

下水熱の地域への供用は、下水道法の改正に前後して一九九〇年代に一度盛んになった。そして、新潟市が事業化した二〇一五年ごろから、再び活発化している。小酒さんは言う。

「三年ほど前から、環境に配慮した取り組みをしていかなくちゃという社会の雰囲気を感じています。行政だけでなく、まだ事業化には至っていませんが民間からも、下水熱を使えないかという問い合わせが増えています」

下水熱を活用する気運が醸成される一方、施工者は限られる。

「もっとこの分野に参入する業者が増えてくると、広がると思うんですが」

下水熱の活用が順調に増えれば、都会の夏はもっと過ごしやすくなるかもしれない。

下水管を走る光ファイバー

下水熱に先んじて下水管の使用料を徴収している分野が、光ファイバーを使った通信だ。光ファイバーは繊維状の伝送路で、光の点滅によって情報を伝える。インターネットの通信回線で、電話の回線よりも安定的かつ高速で、長距離の通信に向く。

光ファイバーケーブルを使う光回線は、地震でしばしば途切れてしまう。繊維はガラスでできていることが多く、圧迫や湾曲に弱い。電線が倒れたり切れたりすると、通信障害に陥ってしまう。その点、下水管は地下を走っていて、地震に比較的強い。しかも、都市部に広く張り巡らされている。光ファイバーを通すには持ってこいなのだ。

先に、一九九六年の下水道法改正で、下水管内に物を設置できるようになったと紹介した。このとき念頭に置かれていたのが、光ファイバー。下水道業界では「下水道光ファイバー」という専門用語で呼ばれている。これは、高度情報化社会の到来を見据えた動きだった。法改正の二年後に、「日本下水道光ファイバー技術協会」が設立された。

同協会によると、全国の下水管に敷設されている光ファイバーは、二〇二二年度末時点でおよそ二三九〇キロに達する。このうち、通信事業者による利用は約一四〇キロに過ぎない。東京都や横浜市といった都市部が中心である。

残りはというと、ポンプ所のような施設を遠隔で監視することを主たる目的に、下水道事業の中の通信に供されている。これは、通信事業者に依存しない自前の通信網だ。独立しているため、ネットワークを介したサイバー攻撃に曝《さら》される危険性が低い。風雨や雷、地震といった自然災害に強い。二〇一一年に東日本大震災が起きたとき、東京都内は電話がつながらない状況に陥った。そんな状況下でも、東京都下水道局の光ファイバー通信網は、問題なく使えた。

都が最初に光ファイバーケーブルを下水管に引き込んだのは、一九八六年のこと。足立区の梅田ポンプ場で水位や流量計測に役立てた。二〇二〇年度末時点で、ケーブルの長さは約九〇〇キロに達し、下水道局内の一四三カ所を結びつけている。

正確な降雨情報「東京アメッシュ」で都民に恩恵

この通信網を使い、都民にとって便利なシステムが運用されている。都内のリアルタイムの降雨状況を把握できる「東京アメッシュ」だ。

このシステムは、レーダーと地上に設置された雨量計を基に、都内のほぼ全域の降雨量を一五〇メートルのメッシュに一〇段階に色分けして表示する。わずかに雨が降り始めた段階でも降雨量を把握できるという、精度の高さを誇る。下水道光ファイバーを使って、下水道局内の端末に情報が共有されている。

最初にこのサービスをネット上で見つけたとき、なぜ提供者が下水道局なのか不思議だった。理由は都の下水道事業が天気に大きく左右されるからだ。水再生センターと呼ばれる下水処理場や、ポンプ所の運営には、正確な降雨情報の把握が欠かせない。都内は早くに下水道が整った分、合流式の割合が高い。雨量が多いのに通常通り運転していると、処理しきれなくなった下水が街中《まちなか》に溢れ出る浸水被害を招きかねない。防災上の理由から、最新式のレーダーを採用し、一時間一ミリ以下のわずかな雨でも、観測できるようにしている。

都民にとってありがたいのは、このシステムがネット上に無料で公開されていることだ。

降雨の情報が有料のサービスも多いのに、それ以上に正確な情報をタダで手に入れられる。これこそ利用料を徴収すれば、相当な収入になりそうだ。

正確な降雨情報システムを構築しているのは、都に限ったことではない。自治体の下水道部門が持つこうしたシステムを民間に有料で提供すれば、かなりの事業収益を上げられるはずである。

日の当たらない下水道は、単に汚物や排水を私たちの目の前から消し去る以外に、さまざまな役に立っている。

二　車を走らすバイオガス

「ガスが発生しやすいものって色々ありますが、どれも人が食べて美味しいものですね。甘くて、糖と脂《あぶら》が多いもの。糖分と炭素が多ければ多いほど、ガスがよく生じます」

あるガスメーカーの社員がこう教えてくれた。バイオガスを生じさせるプラントに、何を入れると熱効率が上がるか――という話である。

バイオガスは、動植物に由来する資源を微生物の力で発酵させて生じるガスをいう。下水処理場でもよくこの精製をしている。下水汚泥を発酵させると、ガスが生じる。主成分は無臭で可燃性のメタンだ。

先の社員の発言からすると、甘くて美味しいものを食べる人が増えるほど、下水処理場でガスを製造しやすくなる。

プリンに酒、弁当も下水処理場で発酵処理

第二章で紹介した、開高健のルポルタージュ「ぼくの〝黄金〟社会科」には、次の記述がある。

〈なぜいま（筆者注＝「ダイナモ」と呼ばれる発電機を）まわさないのですかと聞くと、いまはまだ（メタン）ガスの分量がたりないからだめなのだ、日本人がもっとアメリカ人のようにいいものをたくさんたべるようになるとガスもよくでてダイナモがすえつけられるだろうと場長はこたえました〉

二〇二三年に休刊した『週刊朝日』にこの文章が掲載されたのは、東京オリンピックの前年の一九六三年だった。三〇〇万人分の下水を処理するという当時の砂町水再生センターは、すでに下水汚泥からメタンガスを製造していた。けれども、ガスの量が足りなくて、

発電機を動かすことはできない。将来、ガス発電ができる日が来ると見越し、場内にはダイナモを据えつける空間が、がらんどうのまま放置されていたという。場長が〈いつかはわからないがきっとそうなる〉と断言した「いつか」が「今」である。

甘くておいしくて、脂っこいものを好んで食べる人が多い街――。こう聞いて連想するのは、神戸だ。モロゾフ、神戸凮月堂《ふうげつどう》、ゴンチャロフ、本高砂屋《ほんたかさごや》など有名な洋菓子店が多い。「神戸スイーツ」という言葉とブランドは、全国で通用する。

同市東灘区《ひがしなだく》で下水を処理する東灘処理場は、当然というべきか、下水汚泥を使ってバイオガスを製造している。それで車を走らせたり、都市ガスに供給してみたり、発電したりしてきた。

「KOBE グリーン・スイーツプロジェクト」なる事業もあった。緑色のお菓子を開発する……わけではない。バイオガスを精製するプラントに、神戸スイーツをはじめとする食品メーカーが出す残渣を投入し、一緒に発酵させようというものだ。

処理場の横にガソスタならぬ「ガススタ」

ガスを製造するのは、卵形の消化タンクである。高さ三〇メートル、地下も含めた全体の高さは三九メートルにもなる。それが三基連なって建つさまは、宇宙人が造った基地のようだ。

東灘処理場は、三九万人分の下水を処理していて、毎日およそ一六万トンの下水が流れ込む。約二〇時間かけて処理する過程で、下水汚泥が発生する。その下水汚泥を消化タンクに移し、四〇度の状態でおよそ三〇日かけて発酵させる。一日当たり一万立方メートル以上のガスを得ている。

発生するガス（消化ガス）は、メタンが六〇パーセント、二酸化炭素が四〇パーセント、そして少量の硫化水素が含まれる。硫化水素はほんのわずかだが、それでも臭い。

「消化ガスに含まれる硫化水素やその他の不純物（ガス）は、そのままだと発電設備に影響しますので、高圧水吸収法といった方法で不要なガスを除去しています。これはガスの種類による水への溶けやすさの違いを利用しています」

神戸市東水環境センター施設課長の岡野内《おかのうち》晃代《てるよ》さんが、こう説明してくれる。

ガスとして需要があるのは、メタンだ。一緒に含まれる硫化水素や二酸化炭素は、水に溶ける性質を持つ。そこで、水の中にガスを通して硫化水素や二酸化炭素を除去し、メタンの割合を九八パーセントまで高める。そうしてできたガスを「こうべバイオガス」として販売する。

このガスは、メタンを主成分にしている点で、天然ガスに近く、代替することができる。一般的には、バイオメタンと呼ばれる。

消化タンク三基が並ぶ一角は道路に面していて、ガソリンスタンドならぬガススタンドが設けられていた（**写真**）。二〇二二年は約四五〇〇台の車にガスを供給した。

都市ガスに注入

今はやめているが、実証実験として二〇一〇年から、こうべバイオガスを大阪ガスが供給する都市ガスに注入したこともあった。都市ガスへの注入は、国内初だった。関西に住んだことのある人は、下水処理場に由来するガスでお湯を沸かしていたかもしれない。

「電気には、固定価格買取制度があり、事業を継続しやすい印象があります。ガスにはそういう制度がなく、事業継続のめどが立たず、都市ガス注入は実証期間の満了に伴い、二〇二一年度に終了しました」

岡野内さんがこう振り返る。

「こうべバイオガスステーション」と消化タンク

バイオガスそのままでは供給できず、調整の費用がかさんでしまった。都市ガスが一般的に使う天然ガスは、バイオガスに比べてカロリーが高い。カロリーを上げるため、こうべバイオガスにプロパンガスを混合した。酸素を除去する必要もあり、装置を導入する費用もかかったと岡野内さん。

「都市ガスの成分は非常に厳しく管理されています。供給するガスの濃度や成分を調整するのにとても苦労しました」

メタンは無臭なので、事故を防ぐ安全上の理由から、あえてにおいを付ける必要がある。それで「付臭剤」という臭くする成分を混ぜるのにも注意を払う必要があった。

こうべバイオガスは目下、自動車の燃料のほか、発電などに使われている。発電した電気を電力会社に販売し、排熱を消化タンクを加温するために使う。

発電した電気の一部を使って、水を電気分解し、水素を取り出している。バイオガスステーション内で、水素で走る燃料電池車が水素を充塡《じゅうてん》できるようにした。燃料電池車は、空気中の酸素を取り込んで走り、水だけを排出する。神戸市は二〇二一年からトヨタの燃料電池車「ＭＩＲＡＩ」を市長の公用車に採用し、二〇二三年度から市バスとして燃料電池バスを運行している。

神戸市がガスの生産をより効率化する方法として、二〇二六年に始めるのが、「ＫＯＢＥグリーン・スイーツプロジェクト」を継いだ「バイオマス受入事業（事業系食品残渣等の受け入れ）」だ。

「民間の食品工場で発生する廃棄物を、消化タンクに入れる予定にしています」（岡野内さん）

人は、食品の糖や脂を消化、吸収する。排泄物に含まれるカロリーは、食品のそれより減ってしまう。下水汚泥にする段階で濃縮するとはいえ、やはりカロリーは低い。カロリーが高く微生物が分解しやすい食品残渣を投入することで発生するガスの量を増やすことができる。

神戸市は、過去に実証実験でその効果を確認済みだ。投入に先立って、配管を詰まらせないこと、発酵で活躍する微生物の活発さを削《そ》がず、ガスの発生を阻害しないことなどを確認する。問題なければ、ガスの原料として受け入れる流れになっている。

消化タンクの中で、神戸市民が食べて出したものと、食べ物を作る過程で出たごみが仲良く一緒に発酵するわけだ。

三　ロケット発射

人間の五〇倍もの重量のウンコをするのが乳牛だ。酪農家の数が減り、一戸当たりの飼養頭数が増えている。酪農家が頭を悩ませるのが、家畜糞尿の処理だ。

北海道道東の大樹《たいき》町は、農業生産額の八割を酪農が占め、「酪農王国」と呼ばれる。ここで、乳牛を中心に、約二七〇〇頭を飼育する株式会社サンエイ牧場は、牛糞を発酵させてバイオガスを発生させる「バイオガスプラント」を二基導入した。代表取締役の鈴木《すずき》健《たけ》生《お》さんは、きっかけは臭気対策だったと振り返る。

同社では毎日約二〇〇トン、年間では七万三〇〇〇トンほどの糞尿や雑排水が生じる。以前は貯留してスラリー（液肥）を生産していたが、これは散布すると強烈な臭気を発する。そこでバイオガスプラントを導入し、よりにおいの少ない液状の有機質肥料「消化液」の生産に切り替えた。

「地域の基幹産業だから、ある程度臭くても許される。これからはそういう考え方ではやっていけない。地域住民が納得できる営農スタイルを考えていかなければ」と、鈴木さんは語る。

消化液は、においの少なさや、発酵途上で雑草の種子が死ぬことなどが評価され、周囲の農家からも引き合いがある。全量を農地に還元している。

送電網のパンクで売電できず

消化液を作るとメタンや二酸化炭素が混じったバイオガスが生じる。以前なら、これを燃やして発電・売電をして、利益を得ることができた。だが現在、送電網の容量が足りず、これ以上発電しても電気を送れない。

北海道は、太陽光や風力など、再生可能エネルギーによる発電の潜在可能性が大きい。

糞尿処理もそこに加わる。道内で発電量が一気に伸びたきっかけが、固定価格買取制度（FIT制度）が二〇一二年に始まったことだった。再生可能エネルギーで発電した電気を高値で一定期間買い取ることを、国が電力会社に義務付けた。

なかでも大規模な太陽光発電「メガソーラー」が急激に広がった。釧路湿原に「海」と呼ばれるほどソーラーパネルが敷き詰められた景色を報道で目にしたことがある人も多いだろう。

そのため、新たにバイオガスを利用して発電しても、電力会社に受け入れてもらえない。使い道のなさから、都市部から離れた地域では、せっかくのガスを捨ててしまうこともある。

サンエイ牧場が一基目のバイオガスプラントを設置したのは、まさにFIT制度の始まった二〇一二年のことだ。その後、一基だけでは足りなくなり、二基目を建設したいと思ったものの、送電網の容量不足の壁に阻まれてしまった。

液化バイオメタンという新手法

他にバイオガスの活用法はないか。そう考えた同社は、産業ガスメーカーのエア・ウォ

帯広市にある液化バイオメタンの製造プラント（提供：エア・ウォーター株式会社）

ーター株式会社（大阪市）に声をかけた。

同社のエネルギーソリューショングループGI（グリーンイノベーション）事業部バイオメタンチームの大坪《おおつぼ》雛子《ひなこ》さんは、「糞尿を適正に処理したい酪農家が増えている一方で、バイオガスの使い道がないという問題があります。産業ガスメーカーとしても放置できないと考え、解決に取り組みました」と言う。

エア・ウォーターはサンエイ牧場ともう一カ所の牧場と連携。環境省の実証事業として、「最終的に一般の人にも使ってもらえるようなエネルギーを作る」という試みを二〇二一年から開始した。

バイオガスからメタンを抽出・精製す

る。プラント（写真）でそれを液体窒素で冷やして液状の「液化バイオメタン」にし、容積を六〇〇分の一にすれば、輸送に便利で扱いやすくなる。液化バイオメタンを液化天然ガスの代わりに工場のボイラーやトラック、船舶の燃料にしたり、気体のバイオメタンを家庭で使う都市ガスに混ぜたりしてきた。

乳業発「カーボン乳（ニュー）トラル」？

二〇二四年五月からは商用利用に移った。エア・ウォーターは〈カーボンＮＥＷトラル！〉というキャッチフレーズで、バイオメタンが持続可能な新しい国産エネルギーであることを発信してきた。展示会への出展や広告展開で、認知度を上げようとしている。

カーボンニュートラルは、「炭素中立」と訳せる。温室効果ガスの排出と吸収の釣り合いを取り、全体でみたときの排出をゼロにすること。政府は二〇五〇年までにこれを実現すると宣言している。

繰り返しになるが、動植物に由来する有機性の資源である「バイオマス」を微生物の力を借りて発酵させたのが、バイオガス。このバイオガスは、もともと大気中の二酸化炭素を動植物が成長の過程で吸収しているので、燃やしても排出量は差し引きゼロとみなされる。

よつ葉乳業株式会社（北海道河東郡《かとう》）と雪印メグミルク株式会社（東京都新宿区）が、道東の工場でバイオメタンをボイラーの燃料に使っている。エア・ウォーターは、このモデルを他地域にも広めたいという。

まずは酪農を取り巻く乳業の世界で、循環の輪が生まれている。取材していて、「カーボン乳トラル」という言葉が頭に浮かんだ。

「酪農家がバイオガスプラントを建てようとすると、初期投資額は大きい。でも、バイオガスを売ることでその投資を回収できる。メタンで動くトラクターなどの農機も開発されていますし、いずれ自分で作った燃料で農機を動かすのが当たり前の時代が来るかもしれません」

鈴木さんはこう語る。その周囲には、バイオガスプラントを建てたいけれども、売電できないために二の足を踏んでいる酪農家が多い。彼らはガスそのものを売ることに興味津々だという。

バイオガスプラントは、建設に億単位の費用がかかる。そのため国内ではサンエイ牧場のような大規模な牧場に導入が限られている。

だが、海外では規模の小さい牧場でも導入例がある。鈴木さんが視察に訪れたドイツの牧場は、三〇〇頭を飼う程度の規模ながら、バイオガスプラントを導入していたという。ガスの販売が広まっていけば、日本でもそれが当たり前になるかもしれない。

メタントラクターに規制の壁

なお、鈴木さんが話したメタンを燃料とするエンジンを搭載したトラクターは、すでに市販されている。多国籍企業・CNHインダストリアル傘下の農業機械・建設機械ブランド、ニューホランドでは二〇二一年からメタントラクターの生産を始めた。

日本ニューホランド株式会社（北海道札幌市）P&S営業推進部の林崎《りんざき》年亜《としつぐ》さんは、販売中の「T6メタントラクター」について、次のように説明する。

「このトラクターは、ディーゼルの代わりに、八三パーセント以上の純度のメタンガスを燃料に使います。今までのディーゼルエンジンのものと比べてもパフォーマンスの低下はいっさいありません」

耐久性や生産性、馬力は変わらない。むしろメタンエンジンのほうが優れている部分さえある。「燃料コストを三〇パーセント削減できるだけでなく、走行中の振動（ノイズ）を五〇パーセント、二酸化炭素の排出量を一〇パーセント、全体的な排ガス量を八〇パーセント減らすことができます」と、同社取締役CS営業推進本部長の福地《ふくち》暁《さとし》さんは語る。

また、糞尿由来のバイオメタンガスを回収・精製し、充填できれば、遠方の産油国から燃料を運ぶディーゼルトラクターに比べ、温室効果ガスの排出量はほぼゼロになるという試算もされているという。コストを節減しつつ、環境負荷の軽減にも貢献できるのだ。

日本でこそまだ販売実績がないものの、二〇二二年時点でヨーロッパでは、すでに数十台が販売されている。

「特に多いのが、ドイツとフランスです。どちらの国もガスを燃料にするバスや自動車が多いので、供給網が発達しており、日本のガソリンスタンドのような感じであちこちにガススタンドがある。そのため、メタントラクターを使いやすい環境にあることが理由でしょう」と、福地さんは分析する。

すでにバイオガス発電をしている農家ならば自前でメタントラクターの燃料を用意できる。そのため初期投資の費用も抑えられるし、効果もすぐに出る。

にもかかわらず、まだ日本で売れていないのには理由がある。ガスの取り扱いに関して厳しい規制があるからだ。

メタンガスはそのままだとかさばるため、T6メタントラクターは圧縮した高圧ガスの使用を想定している。だが、「高圧ガス保安法」では、高圧ガスの製造や貯蔵、充塡をするには、国家資格の取得者が常駐しなければならないと定められている。

「つまり、現状では酪農家が自前の燃料を使用したい場合、高圧ガスの資格取得者を農場に常駐させないといけないのです。エネルギーの地産地消を促進させるため、今後の規制緩和に期待しています」（福地さん）

ホリエモンのロケットの燃料に

大樹町は、酪農の大産地であると同時に、一九八五年から〈宇宙のまちづくり〉を掲げ、航空宇宙産業を誘致してきた。今では〈宇宙版シリコンバレー〉をつくることを目指している。

町内には、宇宙関連企業が拠点を置く。その一社が、実業家でタレントのホリエモンこと、堀江《ほりえ》貴文《たかふみ》氏が創業者で取締役を務める、インターステラテクノロジズ株式会社（IST）だ。

同社は、ロケットの開発、製造、打ち上げを行う。文部科学省の支援対象に選ばれており、数十億円の補助金を受け取ることが決まっている。

先に触れたように、乳牛の糞尿に由来する液化バイオメタンが、トラックや船舶の燃料に問題なく使えることは実証済み。今度はロケットの燃料に使う試みが、同社によってなされている最中である。

ロケットの燃料として主流だった液体水素は、蒸発しやすいため扱いにくかった。それに対して液化バイオメタンは安全性が高く、成分が安定している。蒸発が少なく、密度が高い分、燃料タンクを小さくできる。

こうしたメリットを理由に、メタンの採用が世界で進みつつある。中国の宇宙ベンチャー・藍箭航天空間科技（ランドスペース）は二〇二三年、液化メタンと液体酸素を燃料にしたロケットの打ち上げに、世界で初めて成功した。起業家のイーロン・マスク氏がCEOを務めるアメリカのスペースXも、燃料に液化メタンを使うロケットエンジンを開発している。

インターステラテクノロジズは、新型ロケット「ZERO（ゼロ）」の燃料に牛糞由来の液化バイオメタンを使おうとしている。エンジンを燃焼させる実験を二〇二三年一二月に大樹町のロケット発射の拠点である宇宙港「北海道スペースポート（HOSPO）」で行った。

バイオメタンを使ったロケットエンジンの燃焼試験は、世界で二例目、民間としては初という。なお一例目は、ヨーロッパの二二カ国が加盟する宇宙開発機関である欧州宇宙機関によるものだった。

インターステラテクノロジズの実験の映像を見ると、シューッというガスの噴出音の直後に、ゴーッという音をあげて勢いよく炎が噴き出していた。赤い炎が見る見るうちに青白く色を変え、一〇秒間の燃焼が予定通り成功した。

液化バイオメタンの強みは、九九パーセント以上がメタンという純度の高さにある。不純物によるエンジンへの悪影響が少ない。

牛糞由来で安定して入手できるため、同社はエア・ウォーターからの調達を決めた。

ロケットが宇宙へと飛び立つ日を目指して、大樹町で酪農家の夢を背負ったエンジンの開発が続く。

第七章　先進国化が絶った循環——ゴミになったウンコ

『春の小川』歌碑

一　蟯虫検査が廃止された理由

農業と臭気。その関係は本来、切っても切れないものだ。祖父母世代の老人たちが、昔のバカ話として聞かせてくれたのは、肥溜めや肥えたご（肥担桶）にまつわる失敗談だった。特に野ざらしの肥溜めである野壺《のつぼ》に落ちる話は、最も臭くて可笑《おか》しくて、おっかなかった。

農業に使うための肥溜めが身のまわりにあったのは、田舎だけではない。東京二三区でも、農地に寄り添って戦後も存在していた。

私は、下水道など永久に整備されないであろう、山あいの集落で育った。下水道はないけれど、多くの家は水洗トイレで、自宅の敷地内に浄化槽を設置していた。明るい青色のバキュームカーがやってくると、「臭い」と騒ぎながらも、ホースを繰り出して汲み取るようすを覗きに行ったものだ。

バキュームカーは、いかにも、タンクに四輪と運転台を付けましたという形をしている。タンク内の気圧を低くして、外界との気圧差を利用し、ホースで吸引する。だから「真空車」や「吸上車」とも呼ばれる。一九五一（昭和二六）年に神奈川県川崎市で開発され、全国に広がっていった。

吸引が終わったら、余計な空気をタンクに吸い込まないよう、ホースに蓋をしなければならない。蓋の仕方は多様で、地域によって専用の金具を使ったり、木の棒を使ったりする。この蓋として、かつて盛んに使われたのが、野球の軟式ボールだった。時代の変遷とともにテニスボールに取って代わられ、今に至る。

寄生虫学の発展と撲滅運動

実家の近所には、田舎にも押し寄せた水洗化の波をどこ吹く風と、ぼっとん便所のままにしている家があった。その家は汲《く》み取った下肥を周りの畑に撒き、野菜を育てる。ある日、その家からキャベツをもらった。喜ぶだろうと思って母に渡したら、困った顔をされた。

一九九〇年代当時はまだ、小学校で蟯虫《ぎょうちゅう》検査をしていた。透明のセロハンに明るい青色の丸が印刷されていて、それをお尻にペッタンと張り付ける、あれだ。

人の大腸や直腸に寄生する蟯虫は、白くてヒモのように細長い体をしていて、夜に肛門から出てきてその周りに卵を産む。蟯虫検査は、セロハンを肛門に当てて卵がないか調べる。

一九六一年の開始当時は、卵のある確率が二一・七パーセントと高かった。その後低下を続け、二〇一三年度には〇・一四パーセントと極めて低くなる。二〇一五年度末、衛生状態の改善を理由に、全国共通の学校健診から外され、一部の地域を除いて使命を終えた。

日本はかつて、蟯虫も含む寄生虫の卵を持つ「保卵率」が七、八割もの高さに達した。寄生虫による症状（寄生虫症）は、結核と並んで「国民病」のような扱いを受けていた。

寄生虫症が多かった理由の一端は、下肥にある。糞尿をただ肥溜めに入れて放っておくだけでは、寄生虫の卵は死滅しない。そのまま野菜に付着し、食べられて人の体内に入る。加熱すれば話は別だが、葉物野菜の調理法として多かった漬物の場合、口から摂取して寄生されることが起きやすかった。明治時代の初期に寄生虫学が欧米から入ってきて、発展していく過程で、こうした感染のメカニズムが明らかになった。

さらに戦後、農村で寄生虫の撲滅運動が展開され、下肥が不衛生だと教育されていく。下肥を使わず化学肥料で栽培する「清浄野菜」は、戦前から存在したが、戦後、野菜を安心して生食したいという消費者側の需要が高まり、衛生的であるとしてもてはやされた。一九五五（昭和三〇）年には、「清浄野菜の普及について」という都道府県知事宛ての通知が厚生省公衆衛生局長と農林省農業改良局長の連名で出されている。

現代は、化学肥料を使わないことをウリにした有機野菜が高値で売買される。時代が変われば常識も変わるものだ。下肥が化学肥料に取って代わられ、下水道の整備が進んだことで、日本人の保卵率は劇的に下がった。

母は、そういう衛生環境を改善する運動の中で育った。だから、下肥で栽培したキャベツをもらって困惑していたのだ。そんな原体験があるので、キャベツの洗い方と加熱の仕方に対して、私は人よりうるさい方だと思う。

下肥の高騰と値下げの嘆願

寄生虫症が国民病となる源流は、江戸時代にあった。肥料に占める下肥の割合が高かったからだ。東京を中心に語られる江戸落語には、下肥が絡む話が少なくない。古典落語の演目の一つ「汲みたて」は、噺《はなし》のオチに突如、下肥が登場する。

柳橋《やなぎばし》という今の台東区南東部から舟を出し、隅田川で納涼の舟遊びをするはずが、隣の舟の笛や太鼓がうるさくてしょうがない。二艘がケンカを始めて「クソでも食らえ」「クソを食らうから持って来い」と怒鳴り合っているところに、一艘の肥船《こえぶね》がすーっと割って入って、こう言う。

「汲みたて、一杯上がるかえ」

神田川やその下流の隅田川を肥船が行きかう。こんな光景は昭和五〇年代まで続いていた。

先にも書いた通り、いまやウンコはゴミの扱いだが、当時はりっぱな有価物。「金肥」の一つとして、はじめは農家が農産物で代金を物納し、のちに金を払って買うようになった。江戸時代の初期には、江戸から農村部に糞尿を運ぶしくみができあがっていたとみられる。近郊農業地帯の東側「東郊《とうこう》」は水路が張り巡らされていたので主に舟運で、西郊《せいこう》は台地が多いので馬で運んだ。

江戸時代中期の寛政年間（一七八九―一八〇一年）には、下肥が高騰し、値下げ運動が起きた。原因は、下肥の人気が高く農家が高値で買い取ったこと、サプライチェーンが伸びて介在者が多くなり中間手数料がかさんだこと、長屋の大家が汲み取り料を値上げしたことなどだ。

一七九〇（寛政二）年、武蔵、下総《しもうさ》の両国（東京都の大部分、埼玉県と千葉、神奈川両県の一部）の一〇一六もの村が、値下げを求める嘆願書を出した。奉行所がこれを認め、下肥の価格は全体で一四パーセント下がった。

「汲みたて」の原話が出版されたのは、それから三〇年後の一八二〇（文政三）年のこと。江戸後期に活躍した戯作者《げさくしゃ》の滝亭鯉丈《りゅうていりじょう》（生年不詳―一八四一〈天保一二〉年）の手になるものだ。

世界の大都市に目を向けると、一七〜一九世紀のロンドンやパリでは水洗トイレはあったものの、川に垂れ流すだけだったため、腸チフスやコレラといった消化器感染症が流行した。ロンドンやパリで下水道が整備されたのは、一九世紀半ばのことである。

それだけに、江戸時代の日本は高度な循環のシステムを持っていたとよく賞賛される。ヨーロッパの都市と違い、消化器感染症の流行は少なかった。

なお、ウイルスの中には下水に流入するものもある。新型コロナウイルスやインフルエンザウイルス、ポリオウイルス、ノロウイルスなどがそうで、現代では下水を調べることで流行の状況を把握できる。

二　化学肥料と下水道

糞尿を汚物とみなし排除する。この方向性が示されたのは、明治政府が一九〇〇（明治三三）年に公布した「汚物掃除法」と「下水道法」による。

契機は都市への人口集中に伴って、コレラやペストといった感染症が流行するようになったことだ。人口が集積するほど、感染症のリスクは増す。二〇一九年に始まったコロナ禍で私たちが突きつけられた問題を、日本は開国から間もない時期に経験済みだった。

一八七九（明治一二）年の全国的なコレラの流行は、一〇万人を超える死者を出した。コレラは激しい下痢や嘔吐《おうと》を伴い、発症後亡くなるまでの時間が短いため「コロリ」の異名をとった。患者の汚物が感染源になることが多かったと考えられている。

資源から汚物への凋落

公衆衛生の観点から、汚物掃除法で屎尿の収集と処分が、下水道法で下水道の整備が目指された。ロンドンに始まった下水処理の原理は、第二章で紹介した、微生物を使う現在の方法と同じだ。衛生のためには、屎尿を下肥として農業に使うのではなく、下水道を整備して浄化処理をするのが最も望ましいと考えられた。

だが、当時はまだ、下肥が肥料として盛んに取り引きされていた。下水道を普及する財政の余裕もなかったため、糞尿は下肥として流通し続けていく。

汚物掃除法は、屎尿の収集と処分を行政の義務とした。つまり、行政が汲み取って住民から料金を徴収することを目指した。けれども現実には下肥が住民の収入源になっていたため、収集の公営化は住民の反対でなかなか実現しなかった。

もう一つの下水道法はというと、このとき考えられていた下水道は、現在のそれと違って、ただの水路に近い。水洗便所はほとんどなく、汚物ではなく生活の雑排水を流していた。浄化処理までできる日本初の近代的な下水処理場が稼働したのは、ようやく一九二二（大正一一）年になってからだった。

屎尿を汚物に変えたもの。それは、ヨーロッパから輸入された公衆衛生の概念や、下水処理のしくみというより、肥料としての下肥の価値が下がったことだった。

幕を開けた輸入原料と化学肥料の時代

近代化が進むにつれ需要を伸ばしたのが、化学肥料の硫酸アンモニウム（硫安）だ。窒素を豊富に含み効きが早い速効性の肥料で、一八九六（明治二九）年に輸入が始まり、一九〇一年に東京瓦斯（ガス）が国内での製造を始めた。

それまで使われてきた下肥や魚粕、大豆粕はいずれも遅効性だった。与えてもすぐには効果が出ず、土壌に棲む微生物に分解されることで、じわじわと効果を発揮する。

それに対して、硫安といった化学肥料は速効性だ。輸入と国内製造で大量に流通するようになり、価格が下がったことで、便利な肥料として全国に広まった。硫安は今も盛んに使われている。

分が悪いのは、魚粕や大豆粕に比べても扱いが面倒な下肥である。その需要の急減と反比例して、原料となる都市での屎尿の発生量は人口集中により増えた。

一九一八（大正七）年を境に、屎尿は処理料金を払って引き取ってもらうものに変わる。市民は汲み取り料を払う側に回った。けれども、もともと金を払う慣習がなかったこともあり、汲み取り業者は地域を問わず、採算の確保に苦労した。

このままでは、屎尿の汲み取りが生業として立ち行かなくなるという端境期《はざかいき》。全国の汲み取り業者に共通した苦悩を活写した小説がある。

火野《ひの》葦平《あしへい》『糞尿譚《ふんにょうたん》』が描く公営化の波

作家の火野葦平といえば、日中戦争に従軍中の一九三七（昭和一二）年に芥川賞を受賞し、『麦と兵隊』にはじまる戦争文学「兵隊三部作」で人気を博した。戦後は公職追放を経て、『花と龍』といった作品で再び人気作家に返り咲くも、一九六〇年に睡眠薬を服用して自殺している。数奇な人生を歩むきっかけとなった芥川賞受賞作は、『糞尿譚』。風刺のきいた喜劇で、名前の通り全編糞尿の話である。

主人公は、北九州のある市の汲み取り業者。トラックに積んだ〈肥料桶《こえたご》〉をごとごと鳴らし、糞尿と汗にまみれながら、市内の汲み取りに東奔西走する。

市民には汲み取り料を安くしないと業者を変えると脅され、雇っているドライバーには給金が安いと仕事を渋られる。彼にとって唯一の希望は、いずれ汲み取り事業が市営となり、自身の営む〈衛生舎〉が市によって買収され、まとまった金を手にすること。だが、その目論見《もくろみ》を邪魔する輩《やから》が現れて……。

読みやすい短編なので、知らなかったという読者は、ぜひ手に取っていただきたい。

主人公のモデルとなった男は、火野の実家に出入りしていたそうだ。小説が描いた昭和初期、糞尿は価値を徐々に落とし、厄介者の汚物に成り下がろうとしていた。

主人公は糞尿を肥料として農家に売っている。近隣にトラックで運ぶのはもちろん、〈特別構造の糞尿船〉に積み込んで、海の向こうの対岸の地域まで持っていく。ところが肥料としての需要が頭打ちになり、この糞尿船は沖合の玄界灘《げんかいなだ》に糞尿を捨てて帰ってくるようになる。いわゆる海洋投棄である。さらには相当な量を穴を掘って捨てている。

〈これも市当局の諒解の上であって、市としては、衛生舎を指定すると同時に、笹倉山の麓《ふもと》に浄化装置を有する市立汲棄場を作ることを立案したのであるが、未《いま》だに実現しないで居るのである〉(『糞尿譚』)

舶来の下水処理技術を導入すると決めたものの、予算や技術が追いつかない。当時の行政の迷走ぶりが窺《うかが》える。日本の下水道行政は、衛生環境の向上を看板に掲げつつも、長年の慣習や技術の不足といった現実に足を取られ、煮えきらない運用を続けていた。若き日の火野は、その理想と現実の乖離を生き生きと描いている。

ウンコを化学肥料にする野心的な試み

明治期以降の近代化とともに人口が最も集中し、屎尿の処分に頭を悩ませた大正期の東京市は、妙案を思いつく。一九二〇(大正九)年、硫安の工場を建設しようと市議会に諮《はか》った。屎尿に硫酸を加えて硫安を作ろうとしたのだ。当時の呼び名は「乾糞」、乾かしたウンコである。

乾糞は、明治初期に内務省で殖産興業を担当した勧業寮が製造を試みた。一八七五(明治八)年、内藤新宿の試験場(現・新宿御苑)で製造実験をしている。その後、駒場野《こまばの》試験場（現・東京大学駒場キャンパス）での製造を検討するも、悪臭で断念。本所《ほんじょ》（現・江東区）に仮製造所を設けるも、あまりの悪臭に苦情が殺到し、一週間で稼働をやめた。

そんな経緯があったので、東京市議会では議論が紛糾する。当時の後藤新平《ごとうしんぺい》市長は一九二一（大正一〇）年に工場の建設を断念した。

行き場のないウンコを化学肥料にする。この目の付け所は良かった。同じ試みはまさに今、全国各地で行われようとしている。有機質由来の肥料でありながら、通常の化学肥料に遜色ない効果を発揮する。このことが屎尿を原料とする肥料の魅力だ。問題は、当時の技術では悪臭を抑えられなかった点にあった。

同年、行き場のない屎尿の対策として、東京市は隅田川沿いの浅草から蔵前《くらまえ》の辺りに臨時の屎尿投棄所を三カ所設けている。臨時のはずが一〇年以上にわたって使われ、悪臭の苦情が絶えなかった。その解消は、一九三三（昭和八）年に「東京市清掃局綾瀬《あやせ》作業所」が葛飾《かつしか》区小菅《こすげ》町に完成し、翌年に屎尿処理を始めるまで待たなければならない。

水洗トイレと下水道

東京の屎尿処理が暗礁に乗り上げた翌年の一九二二（大正一一）年、日本初の近代的な下水処理場が稼働を始めた。隅田川の中流に位置する「三河島《みかわしま》汚水処分場」（荒川区）だ。台東区のほぼ全域と千代田区の一部の雨水と汚水を処理していた。

前記のように、明治時代に下水道法ができた当時、水洗トイレはほとんど存在しなかった。欧米人の邸宅にはあったものの、排水は垂れ流しにしていた。この時代の下水道は、単なる水路に近い。

だから東京をはじめ、問題になったのは汲み取り便所から発生する屎尿だった。それが水洗トイレの増加によって、ウンコの問題は、屎尿と下水の二つに分岐する。ただし、三河島汚水処分場は糞尿を自動車で運び入れ、下水と屎尿の両方を扱っていた。

現在は汲み取られた屎尿は屎尿処理場で、下水は下水処理場で処理する。郊外に下水道を整備していない地域を擁する自治体は、基本的に屎尿処理場と下水処理場の両方を持つ。

前者は、環境系の部局が管轄し、ぼっとん便所の屎尿や、浄化槽の汚泥をバキュームカーで集める。計量したうえで、受入槽という水槽に投入し、処理する。対して、後者は下水道部局の担当となる。つまり、我々のウンコはする場所によって、環境省と国交省に所管が分かれるのである。

とはいえ、もとをたどれば同じモノ。屎尿処理場の汚泥を下水処理場に持っていって処理したり、屎尿をはなから下水処理場に持ち込んだりと、処理の合理化が一部で進んでいる。

汲み取りや浄化槽の方が減っているので、屎尿処理場が設備更新時期を迎えたタイミングで、下水処理場に一本化する自治体も珍しくない。屎尿の方が多かった三河島汚水処分場の時代とは比率が逆だけれども、処理場は屎尿と下水の「二刀流」へ回帰しつつある。

三　戦後も走った汚穢列車

化学肥料の隆盛と反比例し、屎尿は行き場をなくしていく。一九三〇（昭和五）年に汚物掃除法が改正され、屎尿処理へ行政の介入が強まる。東京の屎尿処理は、東京市が直轄することになった。

一九三二（昭和七）年ごろから窮余の策として、「海洋投棄」が始まった。海洋投棄は読んで字のごとく、屎尿をそのまま海に捨てるという、現代の感覚からすると信じられない処分方法をいう。不衛生さから沿岸部で多数の赤痢患者を出したこともあった。

その後、国策として海洋投棄をやめる方向が示されたものの、ずるずると続けられた。

全面禁止されたのは二〇〇七（平成一九）年と、比較的最近のことである。

西武鉄道はだから黄色い？

東京で下肥の需要が減っても、かえって下肥を求める地域もあった。私の住む埼玉県がまさにそうだ。大正から昭和にかけて、人口の集中が進む東京に野菜を供給する産地が次々と形成されていく。そんな近郊農業地帯にとって、野菜を安定供給するうえで欠かせないのが、東京の屎尿だった。

一九二一（大正一〇）年に入間《いるま》郡農会が東武東上線と武蔵野鉄道（現・西武池袋線）で屎尿の輸送を始めている。農会は、明治以降に全国各地で結成された任意の農業組織である。のちに農業会へと引き継がれ、戦後に農協（JA）となった。県の農会が郡の農会を、郡の農会が町や村のそれを指揮、監督していた。

一九三〇年代に入っても、埼玉県農会が中心になって屎尿を東京市から調達し、農家に配給していた。主な輸送の手段は自動車と船で、地域ごとに貯留槽を造って溜め込んだ。同県において耕地面積の三分の一が屎尿の供給を受けたという。

屎尿の鉄道輸送で有名なのは、東武より西武の方だ。西武鉄道は戦中戦後、東京の中心部で処理しきれなくなった屎尿を貨車で運んでいた。

戦時中の物資不足で海洋投棄ができなくなったこともあり、近郊の農家に出口を求めたのだ。覆いのない無蓋《むがい》貨車で強烈な臭気を放つので、「汚穢《おわい》列車」とか「黄金列車」と呼ばれ、一九五〇年代まで走っていた。西武線の車両が黄色いのはその名残だなんていう俗説もある。

下水道になった「春の小川」

一九六四（昭和三九）年に開催された東京オリンピックに合わせて、新幹線や首都高速道路といったインフラが整えられたことはよく知られている。実は下水道もその一つだった。一九五九（昭和三四）年に開催が決まってから、下水道の整備が一気に加速した。第二章で紹介した森ヶ崎水再生センターにしても、一九六二（昭和三七）年に着工している。

一九六一（昭和三六）年には、東京の中小河川を暗渠《あんきょ》にする方針が出された。汚い、臭いと評判の悪かったどぶ川に蓋をして、下水道として利用するという、ずいぶんと乱暴な政策である。

大正時代に作られた童謡「春の小川」。その中で「さらさら行くよ」と清流として歌われているのが、東京都渋谷区を流れていた河骨川《こうほねがわ》だった。

その名前は、コウホネ（河骨）という水草に由来する。スイレン科のコウホネは、沼地に生えて黄色い可憐な花を付ける。戦後の地域開発や河川改修などで、生息できる環境を急激に失っていった。いまや東京都をはじめ、多くの都府県で絶滅危惧種に指定されている。

国文学者の高野辰之《たかのたつゆき》（一八七六〈明治九〉―一九四七〈昭和二二〉年）は、河骨川周辺の景色を愛でてよく散策した。一九一二（大正元）年に作詞して発表したのが、「春の小川」だった。岸にすみれやれんげが咲くのどかな河骨川は、高度経済成長期には生活排水で汚れてしまう。そこで先の方針に従って、暗渠とされた。

かつて流れていた場所を二〇二四年一二月に訪れた。代々木《よよぎ》公園のすぐ西側で、小川は跡形もなく消え去っている。道路が湾曲しているのが、その名残だ。道路脇に設置された記念の石碑だけが、かつてここに川が流れていたことを伝えている。

夕暮れ時で、親子連れや若者など、それなりに通行人はいるものの、石碑に目をとめる人はほとんどいない。そのすぐ後ろは小田急電鉄小田原線の線路で、ゴーッと音を立てて電車が行き来する。

石碑の前をゆるやかに曲がりながら走る道路をたどっていくと、マンホールがあった。大きな桜のマークが描かれ〈東京・下水道〉の文字が刻んである。河骨川はこの下を下水道となって流れている。その流れの音を、地上の住民が聞くことはない。

都の下水道局が発足したのは、オリンピックの二年前、一九六二（昭和三七）年のことだ。

オリンピックの翌一九六五（同四〇）年、『厚生白書』に「一億総水洗化目標」が掲げられた。一九八五（同六〇）年をめどに、すべてのトイレを水洗にしようという野心的な内容だ。

ぼっとん（汲み取り）と水洗の便所では、水の使用量が全く変わってくる。当時の水洗トイレは、一回に二〇リットルと現在の四、五倍もの水を使っていた。日本人の一日の排泄量の平均である二〇〇グラムのウンコを流すとしたら、およそ一〇〇倍の下水が発生してしまう。下水道の整備が急務となり、東京だけでなく、全国で公共下水道の整備が推し進められていく。

いまや総人口に占める下水道の普及率は八一・四パーセント（二〇二三年度末）に達して

いる。浄化槽といった下水道以外の汚水処理施設も含むと、汚水処理人口普及率は実に九三・三パーセント（同）に達する。一億一六一四万人が汚水処理施設に接続できている現状を下水道業界は汚水処理の「概成《がいせい》（おおむねできていること）」に近づいていると評価している。

ところが、その概成を祝うより先に、インフラの莫大な更新費用に私たちは慄《おのの》くことになった。象徴的だったのが二〇二五年一月に埼玉県八潮市で起きた道路の陥没事故だ。耐用年数の五〇年に満たない下水管の腐食で道路に穴があき、トラック一台が転落して運転手が行方不明になった。この管は直径が四・七五メートルもある巨大なもので、地下一〇メートルの深さに埋まっていた。都市の地中深くをこれほど太い下水管が走っていると、この事故を機に知った人は多いだろう。

汚くて暗かったトイレが、明るくて衛生的になる。ここまで駆け足でみてきた近代化の過程で、下水や屎尿は、どんどん人の目に触れなくなっていった。下肥が農業に欠かせなかったという記憶も、若者には引き継がれていない。

第八章　食料輸入大国はウンコ排出大国

——合わない養分収支

農地に野積みされた家畜糞堆肥

海外から栄養分を大量持ち込み

国土面積を身長、消費する食物を体重として日本を擬人化すれば、肥満体で低身長のおじさんになる。小さな国土にもかかわらず、不釣り合いなほど大量の食べ物や肥料を買い込んでいるからだ。

グローバル化が進む世界で、金に物を言わせ、何でもよそから買い付けてきたバブル紳士。その成れの果てが、今の日本である。

「養分収支」、あるいは「栄養収支」という考え方がある。土地に持ち込まれる養分と持ち出される養分の量を足し引きした収支関係を表す。土壌で作物を育てると、作物が土壌から養分を吸収する。それを人間が収穫して畑から持ち出す。すると、その畑の養分収支はマイナスになる。

雨が降ることで、多少の養分は流れ込む。けれども、基本的に持ち出した分を肥料を施して補ってやらないと、土がやせて貧栄養に陥る。農業は環境に優しい産業という印象を持たれやすいが、見方によっては、土から養分を収奪する産業でもある。

飽食で肥え太る日本

人糞尿を熟成させた肥料である下肥の利用は、江戸時代から昭和の前半まで続いた。これは養分収支を保つのに適《かな》っていた。

江戸に近い農村部で大根なり小松菜なりを育て、町人に売れば、畑の養分収支はマイナスになる。だから、長屋の共用の厠《かわや》（ぼっとん便所）から糞尿を汲み取り、農村へと運び肥料として畑に施して収支の釣り合いをとる。人間が生態系の中に組み込まれ、昭和の前半までは、地域によって循環が成り立っていた。

下肥を野菜や金銭と交換し、ついでに経済的収支も成り立たせていた。江戸時代の日本人は、しっかりしていたのである。当時は交通の便が悪く、鎖国していたこともあり、小さな循環を成り立たせるより方法がなかった。

一八五四年の開国によって、食料を含む貿易額は急伸する。日本人が資源を調達できる範囲は広がっていった。

歴史の授業では、日本は生糸や茶、樟脳《しょうのう》などを輸出し、外貨の獲得に努めたと強調される。さらに、資源に乏しい後進国として、工業製品や資源を大量に輸入していたとも。輸入量が目立ったのが食料で、特に砂糖やコメ、豆類が多い。

食料の元となる肥料や飼料も輸入された。狭い国土で多くの人口を効率的に養う手段として、輸入が奨励された。その流れに乗って成長を遂げたのが、商社である。終戦直後は例外的に、食料自給率がほぼ一〇〇パーセントとなった。豊かになったわけではない。輸入できなかっただけだ。その状況下、日本は記録的な凶作に見舞われ、食糧難に陥った。こうしてみると日本の食料の確保は、輸入抜きには考えにくい。

一九七〇年ごろに始まった「飽食の時代」で、日本人の周りには食べ物が溢れかえった。金さえ払えば何でも食べられる時代。おいしいものを求める嗜好の変化につれて、食品の輸入量はますます増えていく。食料自給率は、二〇二一〜二〇二三年度の三年連続で、カロリーベースで三八パーセントにとどまっている。

グローバル化で生態系に狂い

食料の輸入が多くても、海外との経済取引による収支を表す経常収支は、成り立っていた。ところが、成り立たなくなったのが養分収支である。

「その土地にある養分をそこで回すというのが、生態系の本来の姿なんです」

こう指摘するのは、土壌学者で愛知大学国際コミュニケーション学部国際教養学科教授の小嵜隆《こさきたかし》さん。土壌科学への顕著な貢献を称える「国際土壌科学賞」を、日本人で初めて二〇二〇年に受賞した。

三〇年以上にわたり、アフリカや中央アジア、東南アジアなど世界各地で土壌の管理を研究してきた。国際土壌科学連合というイタリアに本部を置く学術組織の会長を務めた経験を持つ。そんな土壌学の第一人者は、自身の経験から、こう警鐘を鳴らす。

「余分なものを入れたり、あったものをどこかに持っていったりして、養分格差が世界的に拡大している。それが今のグローバル化の、農学、土壌学からみた大きな問題の一つじゃないか」

養分格差は、土壌の養分収支の格差を意味する。

日本の富栄養化は輸入元の貧栄養化

日本で養分のバランスが崩れるのは、人間の食料を輸入しているからというだけではない。畜産飼料の輸入も影響している。飼料の輸入は戦前に始まり、戦後に拡大した。日本において、家畜の飼育の拡大は、商社による安い飼料の輸入とセットで進んだ。

戦前にまず盛んになった畜産の分野は、養鶏だった。政府は一九二〇年代、農村の不況対策として鶏卵を増産する計画を立てる。当時は中国から大量の卵を輸入しており、国産化を進めたいという思惑もあった。農家の庭先で雑穀を与えてニワトリを飼う庭先養鶏が盛んになり、一戸で飼う羽数が増えていく。商社が飼料を輸入し、問屋を介して農家に届ける商流が、一九二〇年代の末ごろにはできあがった。

戦後は肉鶏であるブロイラーを皮切りに、ブタ、ウシといった大型の家畜まで飼育が盛んになる。高度経済成長の始まった一九五〇年代半ばから、経済発展につれて畜肉や乳飲料の需要が高まっていく。なお、一般家庭で肉を日常的に口にできるようになったのは、一九五〇年代以降とされる。肉食はぜいたくな行為なのだ。

輸入への依存に拍車をかけたのが、一九八五（昭和六〇）年のプラザ合意をきっかけに進んだ円高だった。国内で飼料を作る意欲が削がれ、輸入に依存する畜産ができあがる。たとえば稲藁は日本全国、水田のあるところ、どこにでもある。ウシのエサとして引き合いがあるにもかかわらず、農水省によると国内で飼料として使われるのは国産稲藁の一割弱に過ぎず、一部を輸入に頼っている。その主要な輸入元である中国からの調達がコロナ禍で滞り、価格が高騰して畜産農家を悩ませる事態まで起きた。そこら中に稲藁があるのに足りないというのは、悪い冗談のようだ。

ウシ、ブタ、ニワトリなどの家畜は、エサ（飼料）から得たカロリーの数パーセント～四割程度しか、肉や卵、牛乳といった畜産物にすることができない。そこへきて日本の飼料の自給率は、二六パーセントに過ぎない。なかでも、トウモロコシやダイズなど穀物を主体とする栄養価の高い濃厚飼料のそれは、わずか一三パーセントにとどまる。

これを国土の養分収支で考えると、家畜の食べるエサのうち、国内でできたものは四分の一。家畜が排泄すると、海外から来た養分に由来する四分の三が、国内に過剰に蓄積してしまう。これでは土地の養分が過剰な状態に陥る。つまり、富栄養化する。

「畜産だと、その土地の生態系で循環する以上の窒素が日本にたまっています。輸入飼料を家畜に食べさせ、それを我々が食べ、我々も排泄物を出し、家畜も排泄物を出しますから。日本の土は富栄養化し、逆に、飼料を輸出した国の窒素は減ります。グローバルに不均質化が進んでしまっているんですね」

小﨑さんはこう話す。養分が減る貧栄養化は、作物の育ちが悪くなるので、よろしくない。このことは想像がつきやすい。逆の富栄養化は、養分が十分にあるので問題ないかというと、そうは問屋が卸《おろ》さない。

作物が吸収できない過剰な養分は、地下水や河川に流入し、水質を汚染してしまう。

「飼料の原料になるトウモロコシだと、熱帯地域の国々から輸入するものもあります。そのような地域の土地は元来やせているところもあって、そういうところで輸出用のトウモロコシを作ると、土地が一層やせる。一方、日本の土地は、富栄養化で困る」

日本の富栄養化は、他国の貧栄養化のうえに成り立つ。これでは、いずれその国からトウモロコシが輸入できなくなって、畜肉が手に入らない事態になりかねない。

ここまで畜産の話をしてきたが、人間の食料とウンコも似た状況にある。人が排泄すると、海外から来た養分に由来する五分の三くらいが、国内に過剰に溜まって富栄養化する。富栄養化は地球温暖化の原因にもなる。

「畜産から出た糞尿を畑にやり過ぎると、窒素による表面水（地表水）や地下水の汚染のほか、余分な窒素が一酸化二窒素（N_2O）ガスとして出てきます。温室効果ガスで量が最も多いのは二酸化炭素（CO_2）ですが、N_2Oはポテンシャルが非常に高く、CO_2の温室効果の約三〇〇倍とされます。N_2Oは、量は少ないけれども、温暖化に大きく貢献していると言われていて、それをどのようにコントロールするかが課題です」（小﨑さん）

図6　水田への堆肥の投入量の推移

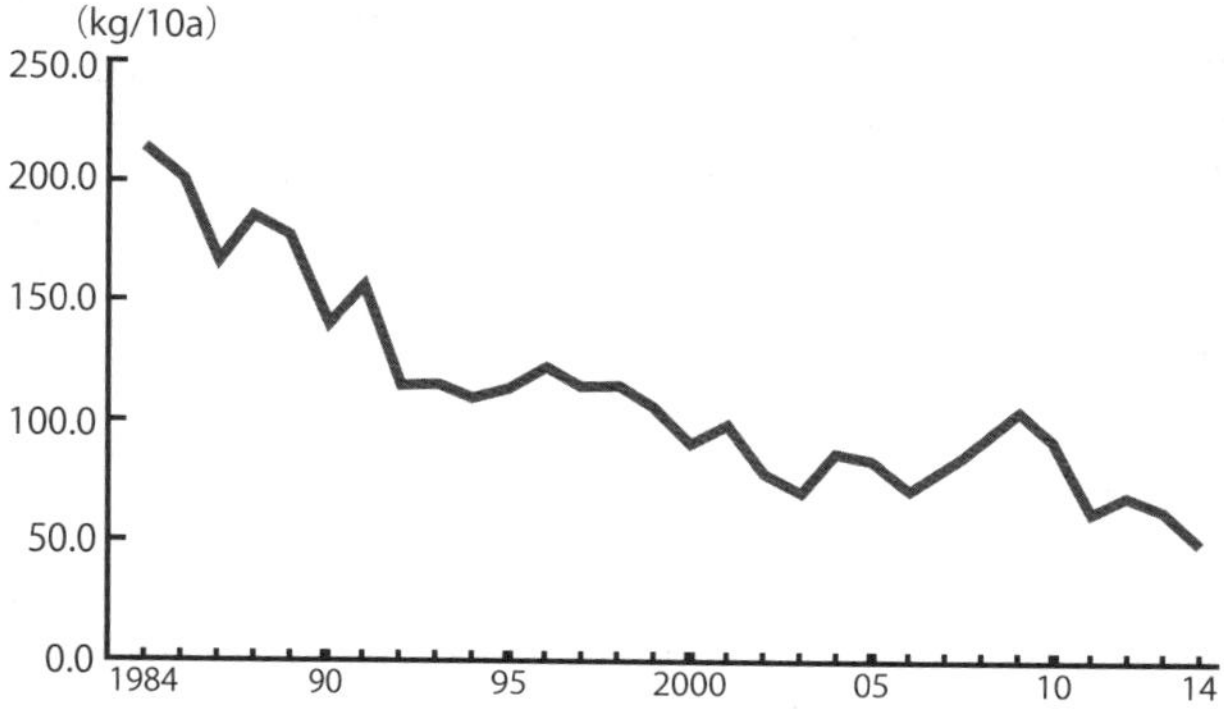

農水省「肥料制度の解説」令和4年7月より作成

二　人も家畜も出す一方

巨視的にみると、日本の国土は富栄養化している。ところが、農地の生産力を指す「地力」は、かえって全国的に下がってきた。農水省の「農業経営統計調査」によると、水田への堆肥の投入量は、一九八四～二〇一四年の三〇年間で約四分の一に減少した（図6）。

富栄養のはずが全国で地力が低下

堆肥は、稲藁や家畜糞尿といった有機物を微生物の働きを使って発酵させた資材である。農地に養分を供給し、土壌の排水や保水を良くし、微生物を増やすといった多面的な効果を発揮する。狙った養分を早く効かせられる化学肥料に比べ、効果が出るのに時間がかかる。けれども化学肥料にはない総合力を持ち、地力の向上に役立つ。

ただし、かさばるうえに、専用の機械がなければ撒くのに手間がかかる。化学肥料と違って、何の成分がいくら入っているかはっきりしない点も、農家が堆肥の利用に二の足を踏む理由の一つだ。農家の高齢化や兼業化で、扱いの面倒な堆肥は避けられていった。さらに、堆肥の有力な供給源となる畜産は、特定の地域に集積が進み広範囲に堆肥を供給しにくくなっている。

たとえば、私の知り合いである滋賀県近江八幡《おうみはちまん》市の稲作農家は、近江牛を飼う畜産農家から牛糞堆肥をもらって畑に施し、代わりに稲藁をウシのエサにしてもらって循環を成り立たせている。近江牛が飼われている近江八幡市や東近江市などは一大稲作地帯で、循環のための好条件がそろう。

だが全国に目を向けると、バランスを崩した地域の方が多い。家畜糞尿の循環のしくみを壊したのは、人糞と同じく、経済発展だった。

酪農王国のトイレ問題

高度経済成長が始まったころ、少なくない農家が田畑を耕しながら家畜を飼っていた。酪農を例にとると、酪農家の戸数は、ピークだった一九六三年、全国で四一万八〇〇〇戸に達した。当時の総世帯数がおよそ二五〇〇万だから、戸と世帯のずれはあるものの、全世帯の一・七パーセント近くがウシを飼っていた計算になる。

そのうちの一戸が愛媛にある私の実家だった。祖父母は乳牛を三頭飼い、酪農の副産物として出る牛糞を堆肥にして田畑にすき込んだ。これは一九六〇年代の平均的な複合経営のあり方だった。こういう農家が全国各地にあって、自分の田畑に堆肥をすき込んでいた。

いまや酪農家はわずか一万一九〇〇戸まで減っている（二〇二四年）。酪農は、大規模化と効率化が進んだ。一戸当たりの飼養頭数は全国平均が一一〇・三頭で、欧州連合（EU）のそれと変わらなくなった。酪農の集積が最も進んだ北海道だと、一五八・九頭になる。

北海道は、一九六〇年代に生乳の生産量で全国の二割を占めるに過ぎなかったが、今では六割に達している。なかでも道東は、生乳生産量で全国の四割を占めるほど突出した存在になっている。

北海道はいくつもの点で酪農の適地といえる。牛乳は夏場に需要が高まるが、都府県では暑さによって乳牛にストレスがかかり、乳量が落ちてしまう。その点、冷涼な気候の北海道では、夏場も高い乳量を維持できる。さらに広い牧草地を持つ酪農家が珍しくなく、飼料の一部を自給できる。

だから現在、酪農で北海道が一強状態にあることは、経済合理性に適っている。問題は、養分収支の破綻、なかでもウンコの循環のしくみが壊れていることだ。

乳牛の糞尿の量は、人の約五〇倍とされる。北海道は二〇二四年時点で八二万一五〇〇頭の乳牛を飼っているから、四一〇〇万人分の糞尿に相当する計算になる。北海道の人口は二四年時点で五二二万人なので、人の八倍近くを乳牛が排泄している。

しかも排泄量の大半が道東に集中している。道東は冷涼な気候に恵まれ、広い牧草地を確保しやすい。乳業メーカーの工場が多く、酪農家にとって規模を拡大しやすい条件がそろっている。

雪原に糞尿を撒く

そんな道東の畜産関係者を悩ませるのが、乳牛の糞尿問題だ。糞尿はタンクに溜め込み、スラリーと呼ばれる液体状の肥料にする。人間でいう下肥だが、量が段違いに多い。

「この辺りでは、できたものを全部撒くのがスラリー散布。施肥ではなくて、産業廃棄物の最終処分」

道東のある畜産関係者は、こう言いきった。スラリーは本来なら、牧草地や畑に肥料として施す。ふつうは面積当たりにどのくらいを施せばいいというJAや行政の指導に則《のっと》るか、農家が土壌を分析して足りない養分を補うかする。

ところが、畑地が限られ牧草地しかないような地域では、「全量撒く以外に方法がない」（先の関係者）。運搬費用がかさむので、地域外に持っていくのも難しい。

その結果、道東では春先、雪がまだ残っている牧草地にスラリーを撒くというグレーな処分がみられる。積雪が残る状態や土壌がまだ凍結している状態で撒くと、雪解けとともに流れ出て、河川を汚染する可能性がある。「廃棄物の処理及び清掃に関する法律（廃掃法）」や「水質汚濁防止法」に触れる懸念が、かねてより指摘されてきた。道はこうした散布をしないよう、指導している。

唯一条例を作って明確に禁じたのが、道東に位置し、生乳の生産量で日本一を誇る別海《べつかい》町《ちょう》だ。町の基幹産業は、約一一万頭もの乳牛を飼育する酪農を中心とした農業と、漁業である。人口約一万四〇〇〇人（二〇二四年一二月末時点）の町で、国内の乳牛の実に約九パーセントが飼われている。全国的に珍しい独自の「別海町畜産環境に関する条例」を二〇一四年に定めた。

条例の制定前には、施設のキャパシティーを超えた頭数を飼育した農家で、スラリーを溜めるタンクが満杯になり、あふれ出て河川や海を汚染する事故が複数起きていた。

「ほとんどの酪農家は排泄物をしっかり管理していましたが、やはり一部にそういう意識がないまま経営する酪農家もいて、過去に糞尿を流出させる事案が発生しました。一人がやったとしても、それは町全体の問題として捉えなければいけない」

こう話すのは、別海町の農政課の担当者だ。条例には、「家畜排せつ物の管理の適正化及び利用の促進に関する法律（家畜排せつ物法）」や廃掃法の、酪農に関わる部分を改めて盛り込んでいる。

「法律よりも、身近にある条例で定めれば、気をつけようという気持ちが起きやすいだろうと、条例でもあえて定めました」（同町担当者）

この町に独自なのが、乳牛の飼養頭数の面積当たりの上限を設けたことだ。スラリーを散布する農地面積一ヘクタール当たり、二・一三頭を超えてはならないとする（ただし一部に例外あり）。国が定める地下水の環境基準を超えないよう、適切な頭数を、研究機関の協力も得て算出した。

条例を浸透させるため、町は地元の農協や道とともに指導チームを作って農家を訪れ、適切な管理がされているか確認している。条例の制定から数年は、毎年全戸を回り、今は三年に一度の頻度で全戸を回る。

「環境への影響を理解していない方は、自分のところだけ良ければいいやという考え方になってしまう可能性があります。それでは周囲に多大な影響を与えかねず、もし地下水を汚すと、回復に何年もかかるわけです。事業者の一人ひとりが、そういう意識と自覚をもってしっかり対応していくことが、重要だと思いますね」(同)

別海町は先進事例である。町の外に出ると、積雪が残っていたり、まだ土壌凍結していたりしても、スラリーを撒く農家はいまだにある。

理由はさまざまある。スラリーを溜めておくタンクがあふれそうで雪解けを待てない、黒いので融雪剤代わりに撒いて雪解けを促したい、春先は忙しいので作業を前倒ししたいなど。最たるものは、道東に乳牛が多すぎるという、構造的な問題だ。

農地は最終処分場

全国で発生する家畜糞尿は年間約八〇〇〇万トン、東京ドームの容積の約七五倍に当たる。畜産業に対する環境規制が年々強められる反面、目を疑うような現場も各地に見られる。畜舎から流れ出た鶏糞が河川に入り下流の魚を死滅させる、農地が家畜糞尿の捨て場と化す――など。畜産は近年の規模拡大と、畜産農家が特定の地域に集中しがちなことにより、糞尿処理が一層難しくなっているのだ。

家畜糞尿は適切に処理すれば良質な肥料になる。しかし、処理に失敗したり、度を越して農地に施したりすると、農地や地下水、河川、ひいては海を汚染してしまう。畜産の盛んな地域には、畜産由来と考えられる硝酸性窒素が水質基準を超えて検出されるために、井戸水を使えないところが多い。

また、発酵が不十分な未熟な堆肥は、農産物に大腸菌を付着させるリスクがあり、O157の感染経路の一つと推定されている。さらに、**図7**に見るように、国内では特定の地域で大量の糞尿が発生しており、肥料にして農地で使う耕畜連携のハードルが上がっている。

いい加減な処理の典型が、野積《のづ》みと素掘りだ。野積みは、糞尿を屋外に積むこと。素掘

図7　耕地面積当たりの家畜排泄物発生量（令和6年　リンベース）

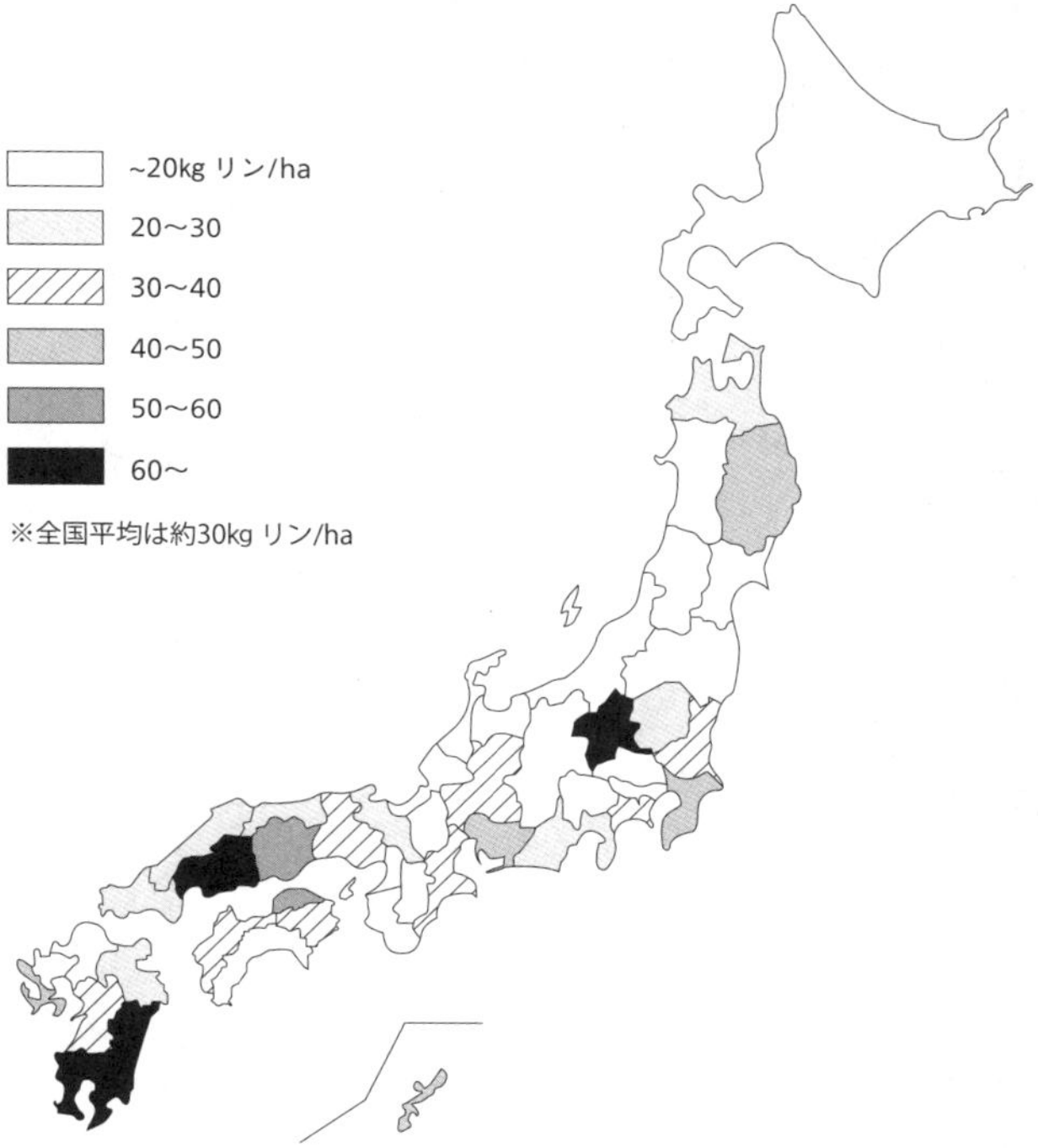

農水省「畜産環境をめぐる情勢」（令和6年9月）より作成

りは、地面に穴を掘って貯留することを言う。

これらの行為を禁じる「家畜排せつ物の管理の適正化及び利用の促進に関する法律」が一九九九年に成立した。糞尿を管理する施設は、不浸透性の素材を使って汚水の飛散や雨による流出、地下への浸透が起こらない構造にするといった基準が設けられている。一定の規模以上の業者は、この基準を順守しなければならない。

農水省の調査によると、二〇二三年一二月一日時点で、この「管理施設の構造設備に関する基準」は、適用される業者の九九・六パーセントが満たしている。家畜排せつ物法の成立から四半世紀で、環境問題の主因が取り除かれたことになるわけだが、果たして本当だろうか。

「いいデータしか本省に上がってこない。『そんなに達成してねーよ、これはなんだ』って言う人もいる」

ある畜産関係者は、現場の体感と調査結果に隔たりがあると話す。

調査結果は、農水省が都道府県からの報告をとりまとめたものだ。農水省の机上の数字合わせのために、都道府県が現場の問題をなかったことにしているのではないかと勘繰りたくなる。さらに、異常に高い達成率によって、皮肉にも環境問題が悪化しかねない事態にもなっている。

「これだけ目標を達成すると、補助金が出なくなる。たくさんあった補助制度が、どんどんなくなってしまった」(先の関係者)

その一方で、調査結果が正しいなら存在しないはずの環境問題は、各地で根強く残っている。しかも、畜産の大規模化につれて、汚染の規模まで拡大した地域がある。多くの業者は、厄介者の糞尿を手元に長くは留めず、農地へと送り出す。

三　見えなくなった価値

財政活動は、収支が合わないと成り立たない。二〇二五年度に国交省が下水道の事業費として要求している予算は、二〇九七億七〇〇〇万円。そのおよそ半分は国が拠出する国費であり、残り半分の事業費は地方自治体が拠出する。

下水道事業は営利事業としては成り立っていない。だから、下水道料金だけで足りない部分を税金で賄う。これで何とか収支が合って、下水道事業が回っている。

国は、財政の収支は熱心に合わせようとする。けれども、養分収支には無頓着だ。国民のほとんどが関心を払っていないのだから、当たり前ではある。

日本社会が経済の収支を最優先するなか、養分収支は打ちやられてきた。ウンコをはじめ、資源となり得るはずのものがゴミと化し、リサイクルと称して農地に入れられる。畜産の大産地と都市の周辺に、ウンコをはじめゴミが集中し、土地が富栄養化する。かたや、多くの農地は貧栄養化する。

江戸時代にあったリサイクル社会を崩壊させたのは、近代化だ。その進展につれて、資源だったウンコは汚物として邪険に扱われるようになっていく。汚物のレッテルを貼られ、日の当たらない方へと追いやられていった。

恩恵の「見える化」がカギ

ウンコを核にした資源の循環を再び生むにはどうしたらいいのか。国士舘《こくしかん》大学政経学部経済学科講師の赤石秀之《あかいしひでゆき》さんは共著『ウンチの経済学』（八千代出版）で次の指摘をしている。

〈持続可能なウンチ循環型社会を構築するためには、ウンチの価値がプラス化されるだけでは十分でなく、第二に、見えざるウンチ費用を可視化することが必要であろう。つまり、ウンチの排泄・処理・再利用がもたらす外部費用を何らかの形で人々に意識させなければならないということである。実は、この外部費用を可視化できなかったことが、過去にウンチ循環型社会が消滅してしまった原因の一つである〉

外部費用は、発生者が負担せず、第三者が負担する費用を指す。公害を例にとると、住民が受ける被害がそうで、外部不経済ともいう。逆に外部に便益を与える場合は、外部経済と呼ぶ。

ここでいう〈ウンチ循環型社会〉は江戸時代を念頭に置く。その外部費用は、ウンコを取り引きする以外の人々が享受した便益を指すはずである。都市の衛生が保たれて消化器系の感染症の流行が抑えられ、野菜が供給され、水産資源が豊富にある――。江戸時代において、ウンコに由来する下肥の取引額ははじめにで紹介したように現代人が驚くほどの額ではなかった。けれども、その取り引きがなされることで当時の人々はそれ以上の便益を得ていたのだ。

日本は今、踊り場にいる。下水道や浄化槽の普及に一息ついたかと思った矢先、水インフラの老朽化という問題が迫り来ている。これまで通りの公共サービスを維持できないかもしれないという危機。それは、かつてない好機でもある。

終章

「下水疫学《えきがく》」という言葉をご存じだろうか。下水に含まれるウイルスといった病原性の微生物を調べて感染症の流行を把握する手法で、コロナ禍で脚光を浴びた。この言葉自体、世界的なパンデミックが起きている最中に英語の「Wastewater-based epidemiology」の訳語として考案された、新しいものである。

新型コロナウイルス感染症の流行の状況を下水で調べることができる。二〇二〇年四月に世界で初めて論文でこう発表したのは、日本人の研究者だった。東京大学大学院工学系研究科附属水環境工学研究センター特任教授の北島正章《きたじままさあき》さんだ。

「世界に先駆けて、コロナの感染状況調査が下水疫学でできるという発表をして、その後、実際に下水からウイルスを検出できると示しました」

北島さんは当時、北海道大学に所属しており、論文の発表と前後して札幌市の下水処理場で下水を採取し、ウイルスの濃度から感染者の多寡を判断する研究に着手する。下水処理場の流入口で下水を採取し、含まれるウイルスの遺伝子の数から感染者数を推定した。新型コロナウイルスは感染者の排泄物に含まれるので、この手法で感染者の増減はもちろん、変異株の出現を早期に知ることができる。地域や集団を単位に新型コロナウイルス感染症の流行の状況を調べられる下水疫学は、同年から注目され、東京都や横浜市などでもその調査が行われた。

調査地点は増え続け、二〇二四年度は一三都県の一七の下水処理場で、厚生労働省の事業として新型コロナウイルスの下水疫学調査が実施された。厚労省は二〇二五年度に調査の地点をさらに増やすとして、新型コロナを含む「感染症流行予測調査事業」で前年度に比べて一・七倍となる二億四〇〇〇万円の予算を要求している。

下水を採取する地点としては、北島さんが最初の調査でそうしたように、下水処理場に注ぎ込む流入口がよく選ばれる。

「マンホールで採る場合もあって、どこで採るかは調査の目的によって違ってきます。その地域の感染状況を広く知りたいのであれば、下水道の下流の末端にある流入口で採るのが一番です」（北島さん）

一つの下水処理場は平均で一〇万人の下水を受け入れる。小さい規模なら一〇〇〇人程度の、全国一の東京都森ヶ崎水再生センターで約二一〇万人の状態をまとめて把握できる。

「もっと小さいエリアの感染状況を知りたいのであれば、マンホールから採ることになります。高齢者施設や病院など、それぞれの施設で感染者がいるかどうかを細かく調べることもできるんです」

ＰＣＲ検査や抗原検査に比べた下水疫学調査の利点は、早くて安く、広範囲をカバーできることだ。ヒトを対象にした検査は、感染から症状が出るまで、さらには検査してから結果が出るまでのタイムラグが生じる。コストは高く、これらの検査に二〇二一年度は国の予算だけで数千億円を投じていた。

その点、下水疫学調査なら、感染者が無症状の状態でもウイルスを排出するので捕捉できる。下水はトイレから下水処理場の流入口まで数時間で到達し、タイムラグが少ない。

「ヒトを対象にした検査に比べ、五日から一週間くらいは先んじることができます。調査の対象も目的も違うので単純に比較はできませんが、ＰＣＲ検査に比べるとコストの面でかなり有利です」

下水で調べられるのは新型コロナウイルスだけではない。インフルエンザやデング熱、サル痘のウイルス、二〇二四～二〇二五年にかけての冬に中国で猛威を振るったヒトメタニューモウイルスなども対象となる。

いまや多くの感染症は海外からもたらされる。北島さんは国際空港である羽田、成田、福岡の三つの空港で、大阪大学などと構成する研究チームで航空機の排水やターミナルの下水を調べている。

社会実装で他国に遅れ

コロナ禍で下水疫学調査に国を挙げて邁進《まいしん》したのがアメリカだった。アメリカ疾病予防管理センター（CDC）が主導して一七〇〇カ所以上で調査をし、データを日々公開している。EUも熱心で、一三〇〇カ所を調査している。アジアだとシンガポールが進んでいて、下水処理場に加えてマンホール五〇〇カ所ほどを調べている。中国や韓国も調査地点は多い。これらの国々は公衆衛生の状況をモニタリングする手段として、下水疫学に期待を寄せている。

「日本は下水疫学の社会実装という意味で、他の国と比べるとなかなか進んでいないところがありますね」と北島さん。理由として、PCR検査や抗原検査といったヒトを対象にする調査が充実していたこと、さらに感染拡大の初期に感染者数が少なく、下水からウイルスを抽出するのが当時の技術では難しかったことなどが挙げられる。後者の課題は、北島さんが塩野義《しおのぎ》製薬株式会社（大阪市）とともに高感度にウイルスを検知できる技術を開発し、すでに解決した。

新型コロナウイルス感染症は今後も流行を繰り返すとみられ、感染状況の把握は欠かせない。下水疫学調査は一つの下水サンプルからさまざまな感染症の流行を調べられる点で、公衆衛生の監視にうってつけだ。

「世界では一〇年に一回くらいのペースでパンデミックが起こるといわれています。次のパンデミックに備えるうえでの検査のインフラとして、下水疫学調査は重要なもの。四億円くらいあれば、日本全国でもそれなりに充実した調査ができると考えています」

厚労省は二〇二五年度の要求予算額を二億四〇〇〇万円に引き上げたところで、北島さんの示す額とまだ開きがある。

日本で最初に提唱された新型コロナウイルス感染症の下水疫学は、残念ながら他国で先に社会実装が進んだ。実は、中国で下水疫学が浸透したのは二〇二三年以降とごく最近のことに過ぎない。中国は同年一月初旬まで感染を強権的に封じ込める「ゼロコロナ政策」

を採用しており、その間は日本と同様にヒトに対する直接の検査を重視した。政策の終了とともに監視の手段として下水疫学調査を一気に推し進めたという。日本は後から来た中国に追い越されてしまった。

先行者として利益を享受できるはずが、行政の動きの遅さや縦割りの壁に阻まれ、うまくいかない。下水疫学が日本社会で直面する課題は、本書で取り上げてきた他の分野におけるウンコの活用上の課題とも重なる。燃料化は規制の壁に、肥料化は農水省と国交省という縦割り行政の壁にぶつかったままだ。

ウンコの付加価値と経済の活性化

下水疫学の名付け親の一人でもあり、医療系のニュースで取り上げられることの多い北島さんは「よく下水道に目をつけましたねと言われるんですけど、僕はもともと下水道から研究を始めてるので」と苦笑する。専門とする「衛生工学」は、医学分野の公衆衛生と工学を結びつけて都市の衛生問題の解決を目指すもので、上下水道や冷暖房、廃棄物の処理などを対象とする。

衛生工学の命題は、衛生的な環境を保つことにあり、浄化や消毒に力が入れられてきた。

それが徐々に変わってきている。

「我々の衛生環境を保つという目的も、もちろん変わらずあります。その一方で、農地や河川、海まで含めて環境全体の健全性を保ったり、エネルギーを作ったりという役割も担うようになりました。対象にする範囲が非常に広くなっています」

すそ野を広げる衛生工学の中でも、特に下水道は面白いという。

「下水道って、本当にいろんな役割があるんですよね。メタンガスを作って発電したり、下水熱で融雪をしたり、処理水を遊水公園や灌漑《かんがい》用水に使ったり……。この下水疫学も一つの重要な役割ですし」

かつて資源だったウンコは、近代化を経て浄化されるべき汚物に変わった。そしていま再び、エネルギーや栄養の源、ひいては病気を把握できる情報源や治療薬として注目を集めている。「はじめに」で紹介した便移植療法は、潰瘍性大腸炎や食道癌、胃癌、パーキンソン病などに応用が検討されている。便移植や便に由来する薬の世界における市場規模は五〇〇億円に達すると予測されている。

ある自治体職員は下水道事業について「これで儲けるつもりは全くありません」と潔く言いきった。これまではその姿勢で良かったかもしれないが、インフラの老朽化が進み下水道事業がさらなる金食い虫になろうとする今、この態度のままでは納税者が困る。
生涯に多くのウンコをする日本人として、その流れていく先まで思いを致《いた》すことが大切ではないだろうか。国民がその処遇を行政に委ねていること、その行政が保守的で金儲けに後ろ向きであることがウンコの経済価値を損ねてしまっている。

本書のタイトル「ウンコノミクス」は、「ウンコ」に経済を意味する「エコノミクス」を組み合わせた造語だ。これまで邪魔者扱いされてきたそれに資源や情報源としての価値を見出し、経済の活性化につなげようという意味を込めた。

コンテンツとしてのウンコの経済価値は注目されやすい。黄色いウンコのキャラクターをあしらった「うんこドリル」（文響社）はシリーズ累計一〇〇〇万部超の大ヒット商品である。アメリカのアニメーションスタジオ「ドリームワークス・アニメーション」から金融庁までコラボレーションしている。

ところが、実体としてのウンコとなると、途端に臭いもの扱いになってしまう。日本に大量にあるのに、まるで存在しないかのように避けて通られる資源。それが浮かばれないまま、国の下水道事業が破綻するなんて事態は避けなければならない。

行政として下水汚泥の肥料化にいち早く取り組んだのが神戸市だった。第三章で紹介したリン回収により、いまや一〇〇トンのリンを生産し、「こうべハーベスト」という肥料に使う。肥料は園芸用や水稲用、さらには灘という酒どころを擁するだけに酒米《さかまい》の山田錦用まで用意している。

同市西区の農家・安福元章《やすふくもとあき》さんは一〇年以上これらの肥料を使ってきた。一・三ヘクタールでコメや野菜を育てており、今後も使い続けるつもりだ。自宅前を走る道路で、神戸の街の方を見やりながらこう語った。

「うちの父がまだ若いころは、夜に仕事を終えてから神戸の街に馬車で下肥をもらいに行っていた。そういう循環をもう一度作って、おいしい野菜を神戸市民に食べてもらいたい」

安福さんは市中心部・三宮にある都市公園「東遊園地」で毎週土曜日に開かれるファーマーズマーケットに出店していて、その野菜の評判はいい。

狭い国土で資源を循環させたかつての日本。そのころと現在は私たちが思うほど遠くない。ウンコの活用による経済の活性化。これは遠い昔の話でもなければSFでもないのである。

主要参考文献

・大竹久夫「わが国の脆弱なリンサプライチェーン――その実態と求められる根本的な強靱化策」『表面技術』七四巻九号　二〇二三年
・坂口 誠「近代日本の大豆粕市場――輸入肥料の時代」『立教経済学研究』第五七巻第二号　二〇〇三年
・高橋英一『肥料の来た道帰る道――環境・人口問題を考える』研成社　一九九一年
・タクマ環境技術研究会『絵とき 下水・汚泥処理の基礎』オーム社　二〇〇五年
・東京下水道史探訪会「東京のし尿処理の変遷（2）第2期『各種衛生的な処理の探求・その1』」『ふくりゅう』二二五号　二〇〇二年
・『東京人』二〇二二年八月号特集「東京下水道の底力」都市出版　二〇二二年
・原田敏治「大正・昭和初期における埼玉県近郊農業地域の形成」『駿台史學』一〇一巻　一九九七年
・平岡昭利『アホウドリを追った日本人――一攫千金の夢と南洋進出』岩波新書　二〇一五年
・山崎達雄「明治初期の乾糞製造と悪臭苦情」第28回廃棄物資源循環学会研究発表会　講演原稿　二〇一七年

・山本攻、澤地實「第12回：大阪市におけるごみ処理対策の歴史（後編）――ごみ埋立の歴史の概説と海面埋立処分場建設のための諸実験――」『廃棄物資源循環学会誌』二八巻一号　二〇一七年
・湯澤規子『ウンコはどこから来て、どこへ行くのか――人糞地理学ことはじめ』筑摩書房　二〇二〇年

初出一覧

第一章　「止まらぬ肥料価格の高騰に日本は耐えられるのか？」Wedge ONLINE　二〇二二年四月三日
「輸入に頼るリン酸　中国の動向と将来の価格は？」マイナビ農業　二〇二四年一二月一九日
第二章　「肥料の高騰で脚光浴びる下水汚泥　そもそも下水処理のしくみとは？」マイナビ農

業　二〇二四年一一月一三日

第三章

「30年下水汚泥と向き合ってきた後藤逸男名誉教授に聞く　肥料にする方法別の効果と課題」マイナビ農業　二〇二五年三月五日

「2030年までに使用量を倍増　農水省が『ふん』資源に注目するワケ」マイナビ農業　二〇二五年二月二八日

「全国の下水の1割を処理する東京都が乗り出した『リン回収』　肥料化で期待の新手法とは」マイナビ農業　二〇二五年二月二一日

「自給率よりよっぽどヤバい『肥料不足』、埼玉県に聞いた『下水汚泥』の可能性」　ビジネス+IT　二〇二四年一一月一日

「『人間のうんち』は100億円以上の価値がある…『トイレの終着地』に溜まった汚物が〝夢の国産資源〟になる現実味」PRESIDENT Online　二〇二五年一月三一日

「『下水道展』に見た肥料化への期待と課題」マイナビ農業　二〇二四年一二月一〇日

「下水汚泥、農業界から熱視線　＝肥料化に期待も、鈍い自治体の動き＝　―課題と普及策を探る―」Agrio　二〇二四年一一月一二日号

第四章

「なぜ大阪の動きは鈍いのか？」Agrio　二〇二五年四月一日号

第五章

「『下水道展』に見た肥料化への期待と課題」マイナビ農業　二〇二四年一二月一〇日

第六章　「『カーボン乳トラル』に貢献　牛の排せつ物由来の燃料『液化バイオメタン』」『地上』二〇二五年二月号

「世界に普及しつつあるメタントラクターで脱炭素化を実現」『地上』　二〇二五年三月号

第八章　「日本人初の国際土壌科学賞受賞者インタビュー『土は科学で哲学で生命そのもの』」マイナビ農業　二〇二一年一月二七日

「トイレと化す農地　畜産の規模拡大で大量発生したウンコの行方」現代ビジネス　二〇二一年七月一〇日

終章　「下水を採取して〝感染状況〟を把握…コロナにもインフルエンザにも効果絶大　世界が注目する日本人研究者の『下水疫学』」デイリー新潮　二〇二五年二月二三日

「先駆者・神戸市はここまで来た！　＝リン回収で肥料化、園芸や水稲で進む利用＝」Agrio　二〇二五年三月一一日号

※いずれも、本書掲載にあたり、大幅に加筆修正しています。右記以外は、書き下ろしです。

図版制作　株式会社アトリエ・プラン

横田増生［よこた・ますお］

1965年、福岡県生まれ。関西学院大学を卒業後、予備校講師を経て、アメリカ・アイオワ大学ジャーナリズム学部で修士号を取得。帰国後、物流業界紙『輸送経済』の記者、編集長を務め、99年よりフリーランスとして活躍。2020年に『潜入ルポamazon帝国』で第19回新潮ドキュメント賞。22年に本書のもととなる『「トランプ信者」潜入一年』で第9回山本美香記念国際ジャーナリスト賞を受賞。近著に『潜入取材、全手法』（角川新書）。

masuoyokota65@yahoo.co.jp

編集：酒井裕玄

ルポ「トランプ信者」潜入一年

二〇二五年 二月四日 初版第一刷発行

著者 横田増生
発行人 三井直也
発行所 株式会社小学館
〒一〇一－八〇〇一 東京都千代田区一ツ橋二ノ三ノ一
電話 編集：〇三－三二三〇－五九五五
販売：〇三－五二八一－三五五五

印刷・製本 中央精版印刷株式会社

Printed in Japan ISBN978-4-09-825486-6